新型职业农民书架·动植物小诊所

鸭病
速诊快治

江 斌 万春和 吴胜会 林 琳
张世忠 陈仕龙 江南松◎编 著

海峡出版发行集团 | 福建科学技术出版社
THE STRAITS PUBLISHING & DISTRIBUTING GROUP | FUJIAN SCIENCE & TECHNOLOGY PUBLISHING HOUSE

图书在版编目（CIP）数据

鸭病速诊快治 / 江斌等编著. —福州：福建科学技术出版社，2022. 10
ISBN 978-7-5335-6824-5

Ⅰ. ①鸭…　Ⅱ. ①江…　Ⅲ. ①鸭病 - 诊疗　Ⅳ. ①S858.32

中国版本图书馆CIP数据核字（2022）第160836号

书　　名 鸭病速诊快治
编　　著 江　斌　万春和　吴胜会　林　琳
　　　　　张世忠　陈仁龙　江南松
出版发行 福建科学技术出版社
社　　址 福州市东水路76号（邮编350001）
网　　址 www.fjstp.com
经　　销 福建新华发行（集团）有限责任公司
印　　刷 福州德安彩色印刷有限公司
开　　本 700毫米×1000毫米　1/16
印　　张 10.5
字　　数 163千字
版　　次 2022年10月第1版
印　　次 2022年10月第1次印刷
书　　号 ISBN 978-7-5335-6824-5
定　　价 39.50元

前言 | FORWORD

中国是世界养鸭大国，年饲养量达40多亿只，年总产值高达1300亿元。养鸭业已成为我国畜牧业的重要组成部分，对提高我国畜牧业总产值及农民增收致富发挥了重要作用。然而，我国并非养鸭强国。由于活鸭异地贩运的日益频繁、饲养管理条件相对滞后、种苗质量把控不严等诸多原因，导致鸭病多而复杂，出现了“老病未除，新病不断”的不良局面，严重制约了我国养鸭业的可持续发展。为了更好地普及鸭病防治知识、推广鸭病最新防控技术，我们在多年临床实践的基础上，结合近年国内外鸭病诊治最新研究成果，编写了这本《鸭病速诊快治》。

本书分为鸭病预防与诊断、鸭病毒性疾病诊治、鸭细菌性疾病诊治、鸭真菌性及支原体性疾病诊治、鸭寄生虫病诊治、非生物引致的鸭病诊治等六大部分，共介绍60种鸭病。每种疾病均以简明扼要的文字介绍其病原（病因）、流行病学、临床症状、病理变化、诊断、防治（防控）措施等，辅以彩图直观地展示主要临床症状和病理变化特征，尽量做到图文并茂，以便读者对鸭病做出准确的诊断并采取有效防治（防控）措施。

由于我们水平有限，书中错误和不足之处难免，恳请各位同仁及广大读者批评指正。

作者

目录 CONTENTS

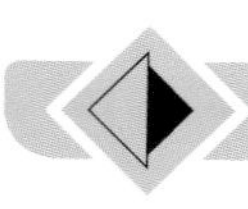

一、鸭病预防与诊断

鸭病防治的原则是“预防为主、养防结合、防重于治”。采取各种有效的综合性预防措施，是防止鸭病发生的根本。综合性预防措施具体内容包括：建立健全的鸭场生物安全措施、健康鸭苗的把控、规范的饲养管理措施、疫苗免疫程序及免疫抗体监测，以及必要的药物预防保健计划等。只有做好综合性预防措施，才能使鸭群不发病或少发病。

（一）鸭场生物安全措施

1. 鸭的主要饲养模式

在我国，鸭的饲养模式主要有水面养殖、地面旱养、种养结合、网上养殖及蛋鸭笼养 5 种。

（1）水面养殖：该模式是依靠当地的江河湖堰、坑塘滩涂等自然水面进行养鸭（图 1-1），也是我国最常见的传统养鸭模式。鱼鸭混养也属于水面养殖。

图 1-1　水面养殖

该养殖模式存在饲养条件简陋、生物安全措施不易到位、鸭病发生频率高且易造成粪便污染环境等缺点。

（2）地面旱养：随着养殖规模的扩大，地面旱养的模式越来越多，具体可分为地面平养（图 1-2 至图 1-4）、大棚养鸭（图 1-5）和发酵床养鸭。地面平养普遍采用“鸭舍 + 室外运动场 + 人工水池”的方式，该方式存在鸭场环境卫生条件差、鸭病传染风险大等缺点。大棚养鸭是利用蔬菜大棚改造后形成的大棚养殖，虽然投入少，但不能很好地进行通风和保温，对鸭子生长和健康不利。发酵床养鸭是目前在北方地区大力倡导的无冲洗作业、低排放的健康生态养殖模式，是借助铺设有益菌垫料来改善鸭舍内环境。该模式资金投入高，在南方高温高湿

图 1-2　地面平养

图 1-3　地面平养

图 1-4　地面平养

图 1-5　大棚养鸭

气候条件下对肉鸭生长不利。

（3）种养结合：该模式是将植物种植和养鸭相结合，具体分为稻田养鸭、果园养鸭和林下养鸭（图 1-6）等。稻田养鸭是利用水稻田饲养肉鸭或蛋鸭，既有利于水稻生长，又促进鸭子健康和增加效益。果园养鸭是利用果园下空地进行养鸭，使果树和鸭互利共生，提高综合经济效益。林下养鸭与果园养鸭类似。种养结合模式仅局限于小规模的养殖，不宜大规模养殖。

图 1-6　林下养鸭

（4）网上养殖：该模式是利用架子上铺塑料网进行网上平养（图 1-7），目前应用广泛，是规模化肉鸭养殖的主要方式。该模式饲养环境稳定，便于集约化管理，环境污染少，肉鸭生长快，但投资成本高。

（5）蛋鸭笼养：即用特制金属笼建成层叠式全封闭鸭舍（图 1-8）饲养蛋鸭。该模式不需要垫料，粪便可及时处理，管理效率和生产性能都很高，发病率较低，但存在一次性投入大及饲养管理条件要求高等缺点，不适合小规模养殖户。

图 1-7　网上养殖

图 1-8　蛋鸭笼养

2. 鸭场的选址

规范的鸭场应建设在可养区内，交通相对便利，通风良好，供电有保障，水源充足且水质良好，地质高燥平坦或略带缓坡，与交通干道、其他畜禽养殖场、屠宰场、居民区、交易市场的距离要求500米以上。实施水面养殖的鸭场，选址还要考虑配备一定面积的可供鸭活动的水域。一般应建在无污染的河流、沟渠、水塘或湖泊边上，水面尽量宽阔，以缓慢流动的活水为宜，但不能对人畜饮水造成污染（不能建在饮水源头附近）。实施地面旱养的鸭场，由于没有天然水域，要人工挖掘1米深的水池，每1000只鸭应配置30米^{2}以上的活动水池面积。实施水面养殖、地面养殖、种养结合的鸭场选址应该避开候鸟主要迁徙路线的栖息地，有条件的水面养殖可以实施分区块轮流放养。所有模式的养鸭场的选址都应当位于相对偏僻的地方，与外界形成天然的隔离屏障，这是防御鸭传染病的第一道防线。

3. 鸭场的建设

不同品种、不同饲养模式、不同饲养规模的养殖场建设有所不同。规模较大的养鸭场需设置生活区、办公区、生产区。各区之间要有明确的界限，并保持一定距离，其中生活区与生产区要保持200米以上的距离。肉鸭生产区要划分为育雏、育成、育肥等若干个相对独立的饲养单元，每个单元之间要设立一定的隔离设施。舍内饲养还要配备与养殖模式相匹配的设施（如网上饲养需配塑料网床、钢丝网床或竹网床等设施）。此外，养鸭场中还要配备兽医室、隔离舍、储粪池或粪污水处理设施等。这些设施应建在养殖区的下风，人员通道、饲料道与粪污道、运禽道要分道而行，即净道与污道分开，避免交叉污染。在养殖场中还应配备相应的消毒设施、通风降温和取暖保温设施、无害化处理设施、防鸟设施等。规模较小的养鸭场也要建设有相应的育雏舍、育成舍或育肥舍及其他必需的设施。

4. 卫生消毒工作

（1）消毒剂的种类：目前兽药店内卖的消毒药品品种繁多，大致可分为如下几类：酚类（如复合酚），醇类（如酒精），碱类（氢氧化钠、氧化钙），卤素类（如含氯石灰、碘酊、聚维酮碘），氧化剂类（如过氧乙酸、高锰酸钾），季铵盐类（如癸甲溴铵），挥发性烷化剂类（如甲醛、戊二醛），表面活性剂类

（如苯扎溴铵）。不同的场所、不同的饲养条件要因地制宜地选择相应的消毒剂。

（2）消毒类型

①紫外线照射消毒：在进入生产区的门口更衣间内装一盏紫外线灯，进出人员在更衣的同时进行5分钟的紫外线照射消毒。

②饮水消毒：若鸭场的饮用水采用河水、山泉水或井水，则要进行饮水消毒，每1000升水添加2~4克的含氯石灰（漂白粉）。发生疫病时，饮水消毒除了使用漂白粉之外，还可以用其他类型的消毒水（如季铵盐类）。

③熏蒸消毒：育雏室、种蛋及密闭的房屋和仓库均可使用熏蒸消毒。具体做法是每立方米容积的房舍用40%甲醛（福尔马林）25毫升、水12.5毫升、高锰酸钾25克，并按上述顺序逐一缓慢添加（注意不能先加高锰酸钾后加甲醛，否则会发生爆炸等意外事故）。添加高锰酸钾粉后，人员要迅速离开消毒房间，并关闭窗门10个小时以上才有效果。此外，也可以直接采用甲醛或过氧乙酸消毒水进行加热熏蒸消毒。

④污染场所的消毒：污染场所首先用清水冲洗干净，然后再用各种消毒药进行消毒。若使用氢氧化钠等腐蚀性较强的消毒药，消毒后还要用清水再冲洗1~2遍，以免对人畜禽皮肤造成腐蚀性伤害。

⑤喷雾消毒：用癸甲溴铵、戊二醛或聚维酮碘等消毒水按说明浓度定期地对鸭群喷雾消毒，或对进入养殖场的工作人员进行喷雾消毒。养殖场的喷雾消毒时间应避开寒冷天气，而选在良好天气时。进入鸭场的人行通道，可采用聚维酮碘喷雾消毒。

⑥门口消毒池及周围场所消毒：可选用复合酚、氧化钙等进行消毒，每周1~2次。

⑦职工洗手及蛋筐消毒：用癸甲溴铵、戊二醛等消毒水按规定比例配制后进行消毒，对皮肤刺激性小且无明显的臭味。

⑧种蛋的消毒：除了可用甲醛进行熏蒸消毒外，还可选用复合酚或癸甲溴铵按比例稀释后进行喷雾消毒，也可选用表面活性剂类消毒药按比例稀释后进行浸泡消毒，待拭干消毒水后再入孵。

（3）鸭场的卫生消毒制度

①鸭场门口要设独立的消毒池，池内消毒水要定期添加或更换。饲养员和兽

医管理人员进出鸭场时要更换工作衣、鞋、帽，并进行相应的洗涤和消毒，在门口消毒通道内要经紫外线消毒或雾化消毒后方可入场。不同楼栋的饲养人员不要相互走动，严格控制外来人员进出养殖场。车辆进场需经门口消毒池消毒处理，车身和底盘等要进行高压喷雾消毒。

②鸭场在全进全出前后都要进行冲洗和消毒工作，在平时饲养过程中还要定期地进行禽舍消毒，在天气暖和时可以带禽消毒。饮用水若采用井水、山泉水或河水，还要在水中添加含氯石灰进行消毒处理。育雏舍、孵化舍、仓库等要熏蒸消毒。装禽袋子、周转蛋架或蛋筐等都要经特定的消毒后才能使用。

③鸭场中若发现病死鸭时要及时通知兽医人员进行检验。经兽医人员检查、登记后，病死鸭要进行无害化处理（如高压灭菌或在远离养殖场的某个特定地方进行深埋、消毒处理），不能随便乱丢。怀疑是烈性传染病的要立即停止解剖，做好场地消毒工作，并立即上报有关部门处理。

5. 隔离措施

（1）人员隔离措施：为防止病原微生物交叉感染，应禁止外来人员进入鸭场（包括参观或购鸭人员）。本场的工作人员不允许随意进出养殖场，进生产区工作时，要穿戴工作服、雨鞋，并接受相应的消毒处理，不同楼栋的工作人员不能相互走动。

（2）物品、车辆进出管理：进入鸭场的车辆及装鸭的袋子、笼子、蛋筐及周转箱都要严格消毒后才能放行。

（3）禁止混养其他动物：在鸭场内绝对禁止饲养鸡、鹅、鸽、狗、猫等动物，不能从外面购买任何禽类产品（包括活禽或禽类产品）。

（4）做好灭鼠杀虫工作：在养殖场内定期开展灭鼠工作，定期采用氰戊菊酯或溴氰菊酯等杀灭蚊虫，防止鼠类和昆虫传播传染病。

（5）隔离淘汰病禽：饲养员和兽医要经常观察鸭群，了解鸭群状况，若发现病死禽，要及时拿到兽医室诊断后采取相应的治疗或其他措施。

（6）不同批次要分开饲养：为防止交叉感染，不同批次鸭要分开饲养，每栋间隔 15~20 米，严格禁止不同批次鸭之间的相互跑动，相应的用具也要分开使用。

6. 粪便及垫料处理

小规模养殖场的粪便可以直接或经堆积发酵后作为农作物肥料，中大型养殖场的粪便要经过烘干或塔式发酵罐发酵处理后作为有机肥，同时要配备专门的污道或传送带传送，与净道保持一定的距离，防止二次污染。在采用平养时需使用大量的垫料（如谷壳、木屑、稻草等），在一个生产周期结束后，要及时清除这些垫料，可采用堆存、直接返田或焚烧等处理措施。

7. 病死鸭无害化处理

每个鸭群或多或少都会存在病死鸭，若处理不当不仅会污染环境（产生腐败和臭气），还会造成疾病的传播和蔓延。常见的处理方法有土埋法、高温处理法、化尸池或专门设备处理等，每个养殖场要因地制宜选择相应的方法进行处理。

（二）健康鸭苗的把控

1. 供应商认定

要依据不同鸭场所需要的品种，选择相应的种苗供应商。要求种苗品种纯正、生产性能好、抗病力强、无母体带菌，特别是不能有沙门菌、呼肠孤病毒、腺病毒、细小病毒等隐性带毒（菌）。同时要求供应商信誉良好，具备《种畜禽生产经营许可证》和《动物防疫合格证》。

2. 种苗选择

雏苗的选择要“六看”。第一，看来源。要求雏苗来自信誉良好、有资质的供应商，种苗性能良好，符合所需要品种的特征和特性，并有相应的检疫证明。第二，看出苗时间。选择按时出壳的雏苗，若是提前或推迟出壳的雏苗，说明胚胎发育不正常，这对种苗的后期生长和生产影响很大。第三，看肚脐。要求脐部柔软，卵黄吸收良好，脐部和肛门清洁。若有大肚脐或肛门不干净，表明该雏苗健康状况欠佳。第四，看活力。健康的雏苗精神活泼，四处奔跑，叫声洪亮。用手握住其颈部提起时，双脚能迅速有力地挣扎。将雏苗仰翻倒地时，其能迅速翻身站起来。在苗筐内，雏苗的头能抬得较高。第五，看绒毛。要求绒毛粗、干燥、有光泽。若绒毛太细、太稀、潮湿或毛发黏着，则表明雏苗发育不良或体质较差。

第六，看体态。雏苗不应有瞎眼、歪头、跛脚等外观问题，站立有神、平稳，体重适中。

（三）规范的饲养管理措施

1. 雏鸭的饲养管理

（1）温度：雏鸭的生长发育与温度有密切的关系。一般来说：1~3日龄温度要保持33~35℃，以后每天降0.5℃。在不同季节，保温长短有所不同，在冬季要多保温几天（10~20天），在夏季则保温5~7天即可。不同品种的鸭保温时间也不同，如番鸭苗的保温时间要长，而其他品种鸭的保温时间可短些。保温的温度是否合适根据雏鸭的活动状态进行适时调整。如果雏鸭在育雏室内分布均匀、精神活泼，则保温温度是适宜的；如果雏鸭集聚成堆、相互挤压、尖叫不停，则保温的温度是不够的；如果雏鸭表现不安、张口呼吸、远离热源，则表明保温的温度太高。保温的方法有电灯（红外线灯）保温、煤炭保温、暖风保温和暖管保温等。

（2）湿度：育雏前期，由于室内温度较高，水分蒸发快，此时舍内空气相对湿度要求高一些（保持在60%~70%）；如果湿度太低，易造成雏鸭出现脚趾干涸等轻度脱水的临床症状。2周后以空气相对湿度维持在50%~55%为宜。

（3）通风：由于早期育雏室内温度较高，雏鸭的粪便极易发酵产生氨气，而且若用煤炭保温，极易产生一氧化碳。这两种不良气体对雏鸭的呼吸道和生长发育都会造成不良影响，严重时还会导致雏鸭中毒死亡或诱发雏鸭产生一些呼吸道症状（如咳嗽）。所以在保温的同时要做好通风换气工作。

（4）密度：饲养密度太稀则保温的温度不易控制，密度太大则易造成拥挤，甚至被压死。一般来说1周龄内每平方米育雏室可放养15~20只，2周龄10~15只，3周龄以上5~7只。

（5）饮水、开食和洗浴：雏鸭出壳待毛干后，先饮水（在水中添加补液盐和恩诺沙星或氟苯尼考）后开食。如果要长途运输，则要保证雏鸭在途中有足够的氧气供给，还要防止雏鸭在运输过程中免受高温应激或受凉感冒，也要防止日晒雨淋。雏鸭饮水6个小时后即可喂食。喂食时，在塑料布上均匀地撒上雏鸭饲料或碎米，同时鸭用饮水器具要放在料槽边。放水和洗浴的时间与品种有关，雏番鸭苗放水时间要到7~10日龄，而半番鸭和麻鸭则在3~4日龄即可放水和洗浴。

（6）雏鸭培育方式：可分为地面育雏和网上育雏两种方法。地面育雏是将雏鸭直接放在地面上饲养，但地面上要铺上清洁干燥的谷壳、木屑或短稻草，厚度为5~6厘米。网上育雏是将雏鸭放在网上饲养，用铁丝网和木条钉成架子，网距地面20~30厘米，每一格为3~4米^2，装100~150只雏鸭为宜。采用网上饲养成本较高，但较卫生、干燥，雏鸭成活率高。

2. 中大鸭的饲养管理

中鸭期是从3周龄开始到6~7周龄。从雏鸭到中鸭要有3~5天的过渡时期，饲料配方也要逐渐过渡。在中鸭阶段，鸭舍可以简单一些，但需有防风、防雨的基本条件，舍内也要保持干净和干燥，地面平养的在冬天可铺一些稻草或谷壳，夏天可铺一些沙子。地面平养的舍内、运动场和水面面积的比例以1 ： 1.5 ： 2为宜，可根据条件适当增加水上放牧。网上平养的要注意饲养密度调整。这个阶段对不同品种鸭的饲养要求有所不同。对后备蛋鸭来说，中鸭阶段要开始限制饲喂，若采食量大，易造成过肥、过早性成熟，影响以后产蛋性能。所以在这阶段饲料以粗为主，青绿饲料占饲料的5%左右，粗蛋白保持在14%，代谢能10.9兆焦/千克。对肉鸭来说，中鸭阶段不仅不要限制喂食，反而要提高采食量，饲料中粗蛋白保持在16%，能量在11.7兆焦/千克，并保持这种饲养水平到大鸭出售。

3. 产蛋鸭和种鸭的饲养管理

产蛋期可分为3个阶段：120~200日龄为产蛋早期（有些品种如番鸭、北京鸭200~240日龄为产蛋早期），201~350日龄为产蛋中期，351~500日龄为产蛋后期。不同阶段的饲养管理有所不同。

（1）产蛋早期：这个阶段的饲养管理重点是要尽快把产蛋率推向高峰。在饲养过程中要根据产蛋率不同而不断地提高饲料质量、增加采食量，以满足产蛋营养需求。粗蛋白保持在18%~18.5%，代谢能保持在11.5兆焦/千克，对一般的产蛋麻鸭，日采食量为150~170克（冬天会增加一些），肉用种鸭的采食量在250克左右。同时光照应逐步增加，达到每天光照17小时。在这一阶段要特别注意是否有软壳蛋、粗壳蛋及产蛋率升不上去等问题出现，若有则要及时诊治。

（2）产蛋中期：这个阶段产蛋率已进入高峰，营养应保证需要，要求粗蛋白在 18.5%~20% 之间，采食量比产蛋初期略有增加，相应的蛋重也会增加。在管理上光照应稳定在 17 小时，应尽量减少各种不良应激（如打针、天气转变、转群、饲料突然改变，以及其他各种应激因素），否则非常容易导致产蛋率下降。一旦产蛋率下降就不容易再上升到产蛋高峰。这是产蛋鸭赚钱的黄金时期，要特别强调稳定的饲养管理条件。

（3）产蛋后期：饲料管理基本同产蛋中期一样。可根据鸭的体重和产蛋量确定饲料的质量和饲喂量。若产蛋率有所下降，可适当增加多种维生素或其他营养物质；若蛋重偏小，可增加一些蛋白质如豆粕或鱼粉。产蛋率下降到 70%~75% 以下时，可考虑淘汰或强制换羽停产。

（四）疫苗免疫程序及免疫抗体监测

1. 疫苗免疫程序

在不同气候条件、不同地域、不同品种鸭，其疫苗免疫程序有所不同，下面介绍一套番鸭、半番鸭、蛋鸭、种鸭的疫苗免疫程序，仅供参考。

（1）番鸭疫苗免疫程序（见表 1–1）

表 1–1　番鸭疫苗免疫程序

日龄	疫苗名称	剂量	用法	备注
1	雏番鸭细小病毒活疫苗、小鹅瘟活疫苗	1~2 羽份	肌内注射	
	番鸭呼肠孤病毒病活疫苗			
2	鸭病毒性肝炎高免卵黄抗体	0.5~0.8 毫升	肌内注射	选择使用
7	鸭传染性浆膜炎灭活疫苗	按说明剂量	肌内注射	选择使用
12	禽流感病毒（H_5+H_7）三价灭活疫苗	0.7 毫升	肌内注射	
25	禽流感病毒（H_5+H_7）三价灭活疫苗	1 毫升	肌内注射	
30	鸭瘟活疫苗	2 羽份	肌内注射	
35	禽多杀性巴氏杆菌病活疫苗	1 羽份	肌内注射	选择使用

（2）半番鸭（骡鸭）疫苗免疫程序（见表 1–2）

表 1–2　半番鸭（骡鸭）疫苗免疫程序

日龄	疫苗名称	剂量	用法	备注
1	小鹅瘟活疫苗	1~2 羽份	肌内注射	
2	鸭病毒性肝炎高免卵黄抗体	0.5~0.8 毫升	肌内注射	选择使用
7	鸭传染性浆膜炎灭活疫苗	按说明剂量	肌内注射	选择使用
12	禽流感病毒（H_5+H_7）三价灭活疫苗	0.7 毫升	肌内注射	
25	禽流感病毒（H_5+H_7）三价灭活疫苗	1 毫升	肌内注射	
30	鸭瘟活疫苗	2 羽份	肌内注射	
35	禽多杀性巴氏杆菌病活疫苗	1 羽份	肌内注射	选择使用

（3）蛋鸭疫苗免疫程序（见表 1–3）

表 1–3　蛋鸭疫苗免疫程序

日龄	疫苗名称	剂量	用法	备注
2	鸭病毒性肝炎高免卵黄抗体	0.5~0.8 毫升	肌内注射	选择使用
7	鸭传染性浆膜炎灭活疫苗	按说明剂量	肌内注射	选择使用
22	禽流感病毒（H_5+H_7）二价灭活疫苗	0.8~1 毫升	肌内注射	
30	鸭瘟活疫苗 鸭坦布苏病毒病活疫苗	2 羽份 1 羽份	肌内注射	
35	禽多杀性巴氏杆菌病活疫苗	1 羽份	肌内注射	选择使用
100	鸭坦布苏病毒病活疫苗或灭活疫苗	1 羽份	肌内注射	
115	鸭瘟活疫苗	1–2 羽份	肌内注射	
120	禽多杀性巴氏杆菌病活疫苗	1 羽份	肌内注射	选择使用
125	禽流感病毒（H_5+H_7）三价灭活疫苗	1~1.5 毫升	肌内注射	

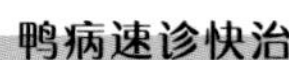

（4）种鸭疫苗免疫程序（见表 1-4）

表 1-4　种鸭疫苗免疫程序

日龄	疫苗名称	剂量	用法	备注
2	鸭病毒性肝炎高免卵黄抗体	0.5~0.8 毫升	肌内注射	选择使用
7	鸭传染性浆膜炎灭活疫苗	按说明剂量	肌内注射	选择使用
22	禽流感病毒（H_5+H_7）二价灭活疫苗	0.8~1 毫升	肌内注射	
30	鸭瘟活疫苗 鸭坦布苏病毒病活疫苗	2 羽份 1 羽份	肌内注射	
35	禽多杀性巴氏杆菌病活疫苗	1 羽份	肌内注射	选择使用
100	鸭坦布苏病毒病活疫苗或灭活疫苗	1 羽份	肌内注射	
115	鸭瘟活疫苗	2 羽份	肌内注射	
120	禽多杀性巴氏杆菌病活疫苗	1 羽份	肌内注射	选择使用
125	禽流感病毒（H_5+H_7）三价灭活疫苗	1~1.5 毫升	肌内注射	
130	鸭病毒性肝炎活疫苗或灭活疫苗	按说明剂量	肌内注射	选择使用
160	鸭坦布苏病毒病活疫苗或灭活疫苗	1 羽份	肌内注射	适用于种番鸭、北京鸭
180	禽流感病毒（H_5+H_7）三价灭活疫苗	1.5 毫升	肌内注射	适用于种番鸭、北京鸭

2. 疫苗免疫抗体监测

疫苗免疫后是否有免疫保护作用，必须进行疫苗免疫抗体监测。目前在生产实践中比较常用的有 H_5 亚型和 H_7 亚型禽流感免疫抗体的监测。禽流感疫苗免疫后 30~40 天时抗体水平最高，此时抽血比较有代表性。试验方法采用血凝抑制试验（HI），当抗体水平达 1∶64 时，鸭群有较好的免疫保护作用。所以规模化养鸭场每年要定期进行禽流感免疫抗体监测（每年 3~4 次）是非常必要的，若发现抗体水平不达标时要及时给予加强免疫。

3. 疫苗免疫注意事项

（1）疫苗的选购与检查：要选购有国家正式批准文号的疫苗，并查看生产日期、有效期、疫苗说明书，检查疫苗的性状、疫苗瓶是否密闭及是否有破损等。不能购入过期或变质的疫苗（如油苗出现分层）。

（2）疫苗的运输与保存：疫苗要放在保温瓶或泡沫箱内冷藏保存运输，避免高温、阳光直射及剧烈震荡。多数的冻干苗在 −20℃冰箱保存，少数冻干苗（某些进口冻干活疫苗）要在 2~8℃冰箱保存。油苗、水剂灭活疫苗及某些卵黄抗体一般在 2~8℃冰箱保存，并防止结冻，否则会导致疫苗分层、结块而失效。

（3）疫苗使用方法：要按照不同鸭场的免疫程序安排使用相应的疫苗，在使用之前要认真阅读疫苗使用说明书，采用相应的免疫稀释方法和免疫途径。

（4）其他注意事项：在进行疫苗免疫时，要了解鸭群的状况。若鸭群出现明显的咳嗽或腹泻，以及其他明显病症时，要暂停或延期进行疫苗免疫，否则会加重病情。在疫苗免疫前后，可在饲料或饮水中添加多种维生素或维生素 C 可溶性粉，以提高鸭群的抗应激能力。在免疫细菌性活疫苗时（如禽多杀性巴氏杆菌病活疫苗），鸭群在免疫前 2 天及免疫后 10 天，禁止在饲料或饮水中添加任何抗生素或磺胺类药物，否则会导致疫苗免疫失效。灭活疫苗从冰箱取出后要放置在室内回温 1~2 个小时（或用温水回温）后注射，可以明显减少打针应激反应，活疫苗稀释后一般在 2~3 个小时内用完。疫苗接种完毕后，剩余的液体、疫苗空瓶及相关器械要用水煮沸处理，或拔下瓶塞后焚烧处理，防止疫苗污染场所。

4. 紧急免疫

鸭场除按照免疫程序做好相关疫苗免疫接种外，在发生疫情且得到确诊的情况下，可采取该病的疫苗（活疫苗或灭活疫苗）对受威胁的群体或假定健康群体进行紧急免疫，促使其尽快产生免疫力，从而达到控制疫情的作用。常用的紧急免疫疫苗有鸭瘟活疫苗、禽流感病毒（H_5+H_7）三价灭活疫苗等。需注意的是，疫苗紧急免疫后需 7~15 天才有效果，在这期间，鸭群有可能会出现短期内发病率和死亡率增加的现象。

（五）药物预防保健计划

根据鸭的不同阶段容易出现的问题选择性地给予一些药物进行预防，可大大地提高鸭的成活率、生长性能和产蛋性能。具体药物预防保健内容包括如下几个方面。

1. 1~3 日龄药物保健

在饮水中按说明用量添加多种维生素和恩诺沙星（或氟苯尼考）等药物，一方面可减少鸭苗运输应激反应，提高抵抗力，另一方面对大肠杆菌病、沙门菌病等也有一定的防治作用，有利于提高育雏率。

2. 10~80 日龄药物保健

在这期间依不同的饲养条件可选择添加 2~3 个疗程的土霉素或多西环素或氟苯尼考等药物（按说明使用），可预防传染性浆膜炎、大肠杆菌病、沙门菌病、禽巴氏杆菌病等细菌性疾病。但要注意不同药物之间配伍禁忌及休药期。

3. 产蛋期间药物保健

遇到天气转变、换饲料及其他的应激因素时，可适当地增加多种维生素，以保持蛋鸭产蛋率的稳定。在冬春寒冷季节，对饲养管理条件较差的鸭场可酌情添加一些抗病毒中药（如清瘟败毒散、黄连解毒散等）来预防病毒性疾病。

（六）常见鸭病临床症状、病理变化鉴别诊断

1. 脑神经症状

有可能是高致病性禽流感、鸭传染性浆膜炎、鸭副黏病毒病及某些药物中毒等疾病。

（1）高致病性禽流感：除表现站立不稳、向后退或摇头等脑神经症状外，还有顽固性咳嗽、吃料减少、眼结膜潮红、心肌条状坏死、胰腺点状坏死等病变。

（2）鸭传染性浆膜炎：除表现站立不稳、向后倒或向一侧歪等脑神经症状外，还有软脚（单边）现象，吃料基本正常，且有明显的心包炎、肝周炎、气囊炎病变。

（3）鸭副黏病毒病：除了有脑神经症状外，还有呼吸道症状及胰腺坏死病变。

（4）药物中毒：喂了过量或搅拌不均的地美硝唑可导致鸭出现脑神经症状（即站立不稳、往一边倒）。这些症状持续半天到一天，之后逐渐恢复正常。

2. 咳嗽症状

有可能是高致病性禽流感、传染性浆膜炎、大肠杆菌病、感冒等疾病。

（1）高致病性禽流感：在初期表现顽固性咳嗽，随着病情发展，可出现脑神经症状，眼结膜潮红，吃料减少，死亡率增加，同时还有心肌条状坏死、胰腺点状坏死等变病，死亡率很高。

（2）鸭传染性浆膜炎：除了表现咳嗽外，还有软脚（单边）、脑神经症状，且有明显的心包炎、肝周炎、气囊炎病变。

（3）鸭大肠杆菌病：除了表现咳嗽外，还表现心包炎、肝周炎和气囊炎病变。肝脏颜色为淤黑色，肠管肿大明显，剖检内脏有明显的粪臭味。

（4）鸭感冒：天气转变后即出现咳嗽症状，此外还有流鼻水、流泪等感冒症状。调整饲养管理并用一般的抗生素治疗均有比较好的效果。

3. 张口呼吸症状

有可能是鸭曲霉菌病、鸭舟形嗜气管吸虫病、鸭感冒、番鸭细小病毒病等疾病。

（1）鸭曲霉菌病：在雏鸭多发，表现呼吸困难、张口呼吸、咳嗽症状，有时出现窒息死亡。剖检可见肺脏散布粟粒大小的黄白色结节，气囊有灰白色结节或霉菌斑。

（2）鸭舟形嗜气管吸虫病：在野外放牧鸭时常可见，表现张口呼吸、咳嗽症状，有时出现窒息死亡。剖检可见气管充血出血，气管内会检出粉红色虫体。

（3）鸭感冒：由于温差大导致的感冒通常表现为呼吸急促、咳嗽、张口呼吸，同时鼻孔和眼睛会流出浆液性或黏液性分泌物，多见于感冒的中后期。剖检可见气管和支气管内分泌物多，有时上呼吸道内分泌物会形成干酪样阻塞物。

（4）番鸭细小病毒病：主要发生在10~30日龄的雏番鸭，表现食欲下降、喙部绀、张口呼吸及腹泻症状，排出灰白色或黄绿色稀粪，发病率和死亡率高。剖检可见胰腺点状坏死，肠道肿大，肠黏膜充血出血。

4. 软脚症状

有可能是鸭传染性浆膜炎、番鸭呼肠孤病毒病、肉毒梭菌毒素中毒、佝偻病、鸭短喙矮小综合征，以及鸭坦布苏病毒病等疾病。

（1）鸭传染性浆膜炎：引起鸭软脚或脚痛，往往是单边脚。此外还有咳嗽、脑神经症状，剖检有心包炎、肝周炎等病症。

（2）番鸭呼肠孤病毒病：引起雏番鸭关节肿大而出现软脚，往往是双边脚，要持续 2~3 周时间。在早期还有肝脏白色坏死点，脾脏呈斑驳状等病症。在中后期还有严重的心包炎、肝周炎及气囊炎病变。

（3）鸭肉毒梭菌毒素中毒：除引起双脚无力外，还会导致软颈，头着地抬不起来，死亡速度快。此病与吃到腐败的动物尸体有关。

（4）鸭佝偻病：吃食正常，但出现软脚症状，与饲料中钙、磷、维生素等营养成分缺乏有关。

（5）鸭短喙矮小综合征：吃食基本正常，从 10 日龄开始逐渐出现软脚、脚外岔、易骨折、喙变短、舌头变长。此病死亡率低，但淘汰率可达 20%~50%。

（6）鸭坦布苏病毒病：蛋鸭和肉鸭均会发生，表现体温升高、精神沉郁、吃料减少、拉白痢，产蛋率迅速下降，个别病鸭出现软脚或往一边倒。病程持续 10 多天。在蛋鸭发病表现产蛋下降明显，在肉鸭表现软脚或往一边侧倒及部分死亡。

5. 突然死亡

有可能是鸭巴氏杆菌病、鸭肉毒梭菌毒素中毒、鸭有机磷农药中毒、番鸭腺病毒病、鸭新型呼肠孤病毒病、鸭一氧化碳中毒等疾病。

（1）鸭巴氏杆菌病：多见于 30 日龄以上鸭，表现死亡快，倒提时口鼻会流出血水。剖检可见心肌和心冠脂肪出血，肝脏表现点状坏死点，小肠肿大明显。

（2）鸭肉毒梭菌毒素中毒：病鸭死亡快，表现闭目、蹲伏、软脚、不爱走动，有时翅膀张开不断在地上拍动，有的出现软颈现象。剖检内脏无明显病变。有野外放牧或饲喂腐败动物尸体史。

（3）鸭有机磷农药中毒：病鸭死亡快，表现流涎、兴奋不安、拉水样稀粪。剖检可见心肌出血，胃肠道黏膜脱落。有喂受有机磷农药污染的青菜或青草史。

（4）番鸭腺病毒病：主要发生于 10~40 日龄的雏番鸭，表现死亡快，无明显的先驱症状。剖检可见肝脏肿大、呈黄白色，中后期肝脏表面有出血点或白色坏死点。若采用抗生素（如氟苯尼考、多西环素等）治疗，死亡率会更高。

（5）鸭新型呼肠孤病毒病：主要发生在4~20日龄雏鸭，表现突然死亡，无明显的先驱症状。剖检可见肝脏、脾脏、心脏、肾脏、法氏囊等多脏器出现出血斑，有的出现不规则坏死灶。

（6）鸭一氧化碳中毒：主要发生在采用煤炭保温的育雏期间，表现嗜睡、流泪、呼吸困难，最终出现痉挛昏迷死亡，死亡率可达100%。剖检可见黏膜和肌肉呈樱桃红色，血液呈鲜红色，不易凝固，脚趾呈紫红色。

6. 腹泻症状

可能是番鸭细小病毒病、鸭传染性浆膜炎、鸭大肠杆菌病、鸭坏死性肠炎、鸭球虫病、高致病性禽流感等疾病。

（1）番鸭细小病毒病：发生于雏番鸭，表现为食欲下降，喙部发绀，喘气，张口呼吸，腹泻，排出灰白色或黄绿色稀粪，发病率和死亡率都较高。剖检可见胰腺点状坏死，肠道肿大，肠黏膜充血出血。

（2）鸭传染性浆膜炎：各种日龄鸭都会发生，表现咳嗽，精神沉郁，腹泻下痢，排出黄白色稀粪，零星死亡。剖检可见心包炎、肝周炎、气囊炎及肠炎。

（3）鸭大肠杆菌病：各种日龄鸭都会发生，表现精神沉郁，腹泻下痢，排出黄色稀粪，零星死亡。剖检可见心包炎，肝脏肿大发黑，小肠肿大，肠内容物粪臭味明显。

（4）鸭坏死性肠炎：多见于种鸭，表现精神委顿，食欲减少，拉黄白色稀粪，零星死亡。剖检小肠肿大明显，剖开小肠可见卡他性肠炎或出血性肠炎，在肠黏膜上覆盖一层黄色糠麸状渗出物。

（5）鸭球虫病：各种鸭均可发生，表现精神沉郁，吃料减少，排出黄白色或巧克力样稀粪，有些粪便带血，发病率和死亡率都较高。剖检可见小肠肿大明显，小肠外壁有点状坏死，少数见到红色小出血点，剖开肠道可见小肠内容物为白色糊状物或水样内容物。肠内容物镜检可检出裂殖子或卵囊。

（6）高致病性禽流感：各种日龄鸭均可发生，表现吃料减少，眼睛发红，个别有脑神经症状，拉黄绿色稀粪，咳嗽明显，发病率和死亡率都很高。剖检可见心肌条状坏死，胰腺有点状坏死，脾脏肿大出血，小肠呈卡他性肠炎。

7. 鸭产蛋异常或产蛋率下降症状

有可能是高致病性禽流感、大肠杆菌病、坦布苏病毒病、饲养管理不良（如营养缺乏、天气应激、打针应激、鼠害）等原因。

（1）高致病性禽流感：有不同程度的咳嗽、采食量下降、拉稀及产蛋率下降、蛋壳质量改变等临床症状。此外还有部分胰腺坏死、卵巢变性、输卵管炎症水肿等病变。

（2）鸭大肠杆菌病：有明显的卵黄性腹膜炎、输卵管炎、脱肛及零星死亡等病症。产蛋率略下降，蛋壳质量也不同程度下降。用一般广谱的抗生素治疗有效果。

（3）鸭坦布苏病毒病：采食量下降，产蛋率下降明显，个别有软脚和脑神经症状，但死亡率不高。剖检以卵巢变性为主。

（4）饲养管理不良因素：出现产蛋率下降和蛋壳质量改变。找出病因并采取相对应的措施，产蛋率和蛋壳质量就会逐渐恢复正常。

8. 心脏出血病变

可能是鸭巴氏杆菌病、鸭新型呼肠孤病毒病、鸭有机磷农药中毒等疾病。

（1）鸭巴氏杆菌病：多见于30日龄以上鸭，表现死亡快，倒提时口鼻流出血水。剖检可见心肌和心冠脂肪出血，肝脏表现点状坏死，小肠肿大明显。

（2）鸭新型呼肠孤病毒病：主要发生在4~20日龄雏鸭，表现突然死亡，无明显的先驱症状。剖检可见肝脏、脾脏、心脏、肾脏、法氏囊等多脏器出现出血斑，有的出现不规则坏死灶。

（3）鸭有机磷农药中毒：病鸭死亡快，表现流涎，兴奋不安，拉水样稀粪。剖检可见心肌出血，胃肠道黏膜脱落。有喂受有机磷农药污染的青菜或青草史。

9. 心包炎病变

有可能与鸭传染性浆膜炎、大肠杆菌病、番鸭呼肠孤病毒病等疾病有关。

（1）鸭传染性浆膜炎：心包液混浊，此外还可见脑神经症状、软脚症状。

（2）鸭大肠杆菌病：心包膜比较厚，与心肌粘连较紧。此外肝脏肿大呈淤黑色，肠管肿大明显，腹腔粪臭味明显。

（3）番鸭呼肠孤病毒病：心包膜增厚，心包腔中有大量黄白色干酪样渗出物，此外，还有肝脏表面出现白色坏死点、关节炎症肿大等病症。

10. 肝脏出血病变

可能是鸭病毒性肝炎、鸭新型呼肠孤病毒病、番鸭腺病毒病等疾病。

（1）鸭病毒性肝炎：发生于2~20日龄雏鸭，表现阵发性抽搐或头后仰。剖检可见肝脏颜色为土黄色，表现有大小不等的出血点或出血斑。

（2）鸭新型呼肠孤病毒病：主要发生在4~20日龄雏鸭，表现突然死亡，无明显的先驱症状。剖检可见肝脏、脾脏、心脏、肾脏、法氏囊等多脏器出现出血斑，有的出现不规则坏死灶。

（3）番鸭腺病毒病：主要发生在10~40日龄的雏番鸭，表现死亡快，无明显的先驱症状。剖检可见肝脏肿大，呈黄白色，中后期表现有出血点或白色坏死点。若采用抗生素（如氟苯尼考、多西环素等）治疗，死亡率会更高。

11. 肝脏点状坏死病变

可能是鸭巴氏杆菌病、番鸭呼肠孤病毒病、鸭沙门菌病、番鸭腺病毒病等疾病。

（1）鸭巴氏杆菌病：多见于30日龄以上鸭，表现死亡快，倒提时口鼻流出血水。剖检可见心肌和心冠脂肪出血，肝脏表现点状坏死点，小肠肿大明显。

（2）番鸭呼肠孤病毒病：主要发生在4~50日龄雏番鸭，表现精神委顿，死亡，软脚，鸭子生长发育参差不齐。剖检病变可见肝脏肿大，表面有许多细小白色坏死点，脾脏肿大呈斑驳状，心包腔内有大量纤维素干酪样渗出物，关节炎症肿大。

（3）鸭沙门菌病：各品种、各日龄鸭均可发生，表现腹泻，个别有脑神经症状。剖检可见肝脏肿大，表面有灰白色点状坏死灶，小肠黏膜坏死并形成糠麸样病变，少数盲肠内有干酪样物质形成栓子，脾脏坏死。

（4）番鸭腺病毒病：主要发生10~40日龄的雏番鸭，表现死亡快，无明显的先驱症状。剖检可见肝脏肿大，呈黄白色，中后期表现有出血点或白色坏死点。若采用抗生素（如氟苯尼考、多西环素等）治疗，死亡率会更高。

12. 脾脏坏死病变

可能是番鸭呼肠孤病毒病、新型呼肠孤病毒病、沙门菌病等疾病。

（1）番鸭呼肠孤病毒病：主要发生在4~50日龄雏番鸭，表现精神委顿，死亡，软脚，鸭子生长发育参差不齐。剖检病变可见肝脏肿大，表面有许多细小白色坏

死点，脾脏肿大呈斑驳状，心包腔内有大量纤维素干酪样渗出物，关节炎症肿大。

（2）新型呼肠孤病毒病：主要发生在4~20日龄雏鸭，表现突然死亡，无明显的先驱症状。剖检可见肝脏、脾脏、心脏、肾脏、法氏囊等多脏器出现出血斑，有的出现不规则坏死灶。

（3）沙门菌病：各品种、各日龄鸭均可发生，表现腹泻，个别有脑神经症状。剖检可见肝脏肿大，表面有灰白色点状坏死灶，小肠黏膜坏死并形成糠麸样病变，少数盲肠内有干酪样物质形成栓子，脾脏坏死。

13. 脾脏出血病变

可能是鸭新型呼肠孤病毒病、高致病性禽流感等疾病。

（1）鸭新型呼肠孤病毒病：主要发生在4~20日龄雏鸭，表现突然死亡，无明显的先驱症状。剖检可见肝脏、脾脏、心脏、肾脏、法氏囊等多脏器出现出血斑，有的出现不规则坏死灶。

（2）高致病性禽流感：各品种，各日龄鸭均可发生，表现咳嗽，减料，脑神经症状，拉黄绿色稀粪，病程7~10天，发病率和死亡率都很高。剖检还可见心肌条状坏死，胰腺坏死，脾脏肿大出血，小肠呈卡他性肠炎。

14. 小肠肿大病变

可能是鸭大肠杆菌病、鸭球虫病、鸭坏死性肠炎、肠道蠕虫病等疾病。

（1）鸭大肠杆菌病：心包膜比较厚，与心肌粘连较紧。此外肝脏肿大呈淤黑色，肠管肿大明显。死亡后尸体易发臭。

（2）鸭球虫病：各种鸭均可发生，表现精神沉郁，吃料减少，排出黄白色或巧克力样稀粪，有些粪便带血，发病率和死亡率都较高。剖检可见小肠肿大明显，小肠外壁有点状坏死，少数见到红色小出血点，剖开肠道可见小肠内容物为白色糊状物或水样内容物。肠内容物镜检可检出裂殖子或卵囊。

（3）鸭坏死性肠炎：多见于种鸭，表现精神委顿，食欲减少，拉黄白色稀粪，零星死亡。剖检小肠肿大明显，剖开小肠可见卡他性肠炎或出血性肠炎，在肠黏膜上覆盖一层黄色糠麸状渗出物。

（4）肠道蠕虫病：包括多种肠道吸虫病、肠道绦虫病都会导致小肠肿大明显，剖开可检出相应的蠕虫。

15. 盲肠肿大病变

可能是鸭盲肠杯叶吸虫病、鸭组织滴虫病、鸭沙门菌病等疾病。

（1）鸭盲肠杯叶吸虫病：见于山区野外放牧鸭，表现精神委顿，死亡快，拉黄白色稀粪。剖检可见两根盲肠不同程度肿大坏死，剖开盲肠可见内容物为黄色糊状物、臭味明显，在肠壁可检出盲肠杯叶吸虫。

（2）鸭组织滴虫病：表现为沉郁，死亡快，拉黄白色稀粪。剖检可见两根盲肠肿大，肠内容物为干酪样栓子，呈香肠状。

（3）鸭沙门菌病：各品种、各日龄鸭均可发生，表现腹泻，个别有脑神经症状。剖检可见肝脏肿大，表面有灰白色点状坏死灶，小肠黏膜坏死并形成糠麸样病变，少数盲肠内有干酪样物质形成栓子，脾脏坏死。

二、鸭病毒性疾病诊治

（一）鸭瘟

本病是由鸭瘟病毒引起的一种急性、热性、高度致死性的鸭（鹅也发病）传染病，又称鸭病毒性肠炎或大头瘟。

病原

鸭瘟病毒属于疱疹病毒科，但尚未正式列入具体的属。病毒基因组为双股线性脱氧核糖核酸（DNA）。病毒粒子在不同地方，其大小有所不同，在感染细胞核中球形的核衣壳直径为91~93纳米，在胞浆和核间隙中病毒粒子直径为126~129纳米，在胞浆内质网的微管系中病毒粒子直径156~384纳米。病毒在鸭体内分散于各种内脏器官、血液、分泌物及排泄物中，以肝脏、肺脏、脑部含毒量最高。在感染病毒的鸭胚细胞核内可检出嗜酸性的颗粒包涵体。病毒对乙醚和氯仿敏感，对外界的抵抗力不强，在22℃室温下病毒感染能力在30天后丧失，在56℃加热10分钟灭活。常用的消毒剂对病毒均有致弱或杀灭作用。

流行病学

鸭瘟病毒自然易感宿主仅限于雁形目的鸭科成员（鸭、鹅和天鹅），各品种鸭、各日龄鸭均可感染本病，但10~20日龄以内的雏鸭由于存在母源抗体而较少发病。一年四季均可发生。传染途径为接触性传播（包括流动水源、运输工具及装鸭袋子等）。本病易通过水流形成地方流行性。

临床症状

本病的潜伏期2~7天，病鸭首先表现体温升高，精神委顿，食欲减少，运动失调，不能站立，双翅扑地，有时可见头颈震颤，流泪、眼四周湿润（图2–1），严重的可出现上下眼睑粘连。部分病鸭出现头部皮下水

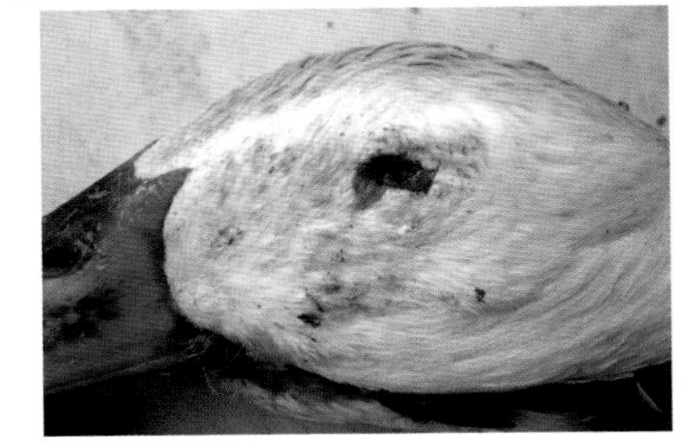

图2–1　流泪，眼周围潮湿

肿形成“大头瘟”。精神沉郁、食欲减少或废食，大多数病鸭表现严重下痢，拉绿色粪便，倒提病鸭时可从口腔流出污褐色液体。发病后病鸭和死鸭数逐日增加，发病率和死亡率均可高达 100%。慢性病例病程持续 20~30 天。

病理变化

全身皮肤出血明显（图 2-2），头颈部皮下胶冻样渗出（图 2-3）。口腔及食道黏膜有灰黄色假膜覆盖（图 2-4），剥离假膜后可见食道黏膜有条状出血带或不同程度溃疡灶（图 2-5），腺胃黏膜和肌胃角质下层充血或出血。小肠淋巴环肿大且出血明显（图 2-6），肠道浆膜和黏膜（特别是十二指肠、盲肠和直肠）出血严重（图 2-7）。有时在泄殖腔黏膜可见到黄色假膜和出血斑（图 2-8）。卵黄蒂出血（图 2-9）。肝脏表面（特别是肝脏边缘）有大小不等的灰黄色坏死斑，有时也有点状出血（图 2-10）。产蛋鸭卵巢上卵泡变性（图 2-11），其中食道、十二指肠、泄殖腔及肝脏病理变化具有特征性。

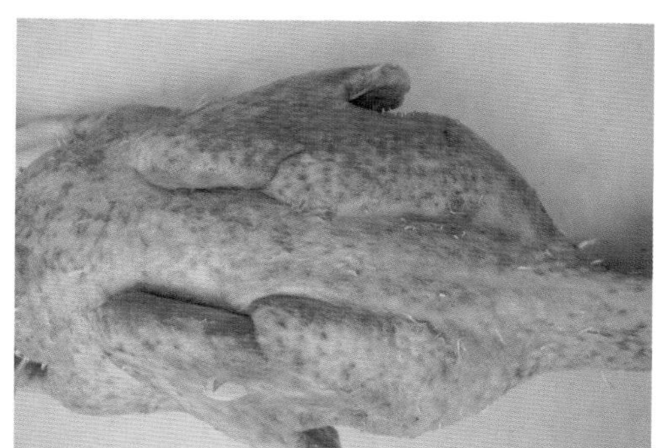
图 2-2　全身皮肤出血明显

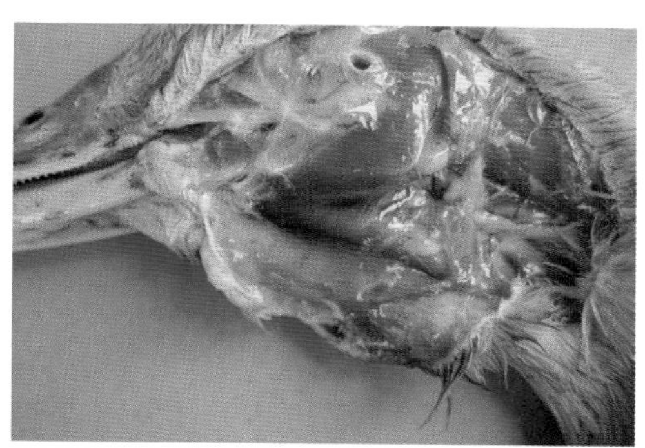
图 2-3　头颈部皮下胶冻样渗出

图 2-4　食道黏膜有黄色假膜覆盖

图 2-5　食道黏膜出血

图 2-6　小肠淋巴环肿大、出血

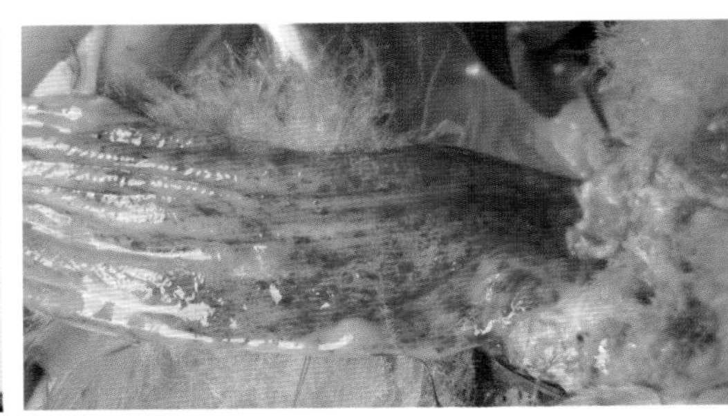

图 2-7　直肠出血严重

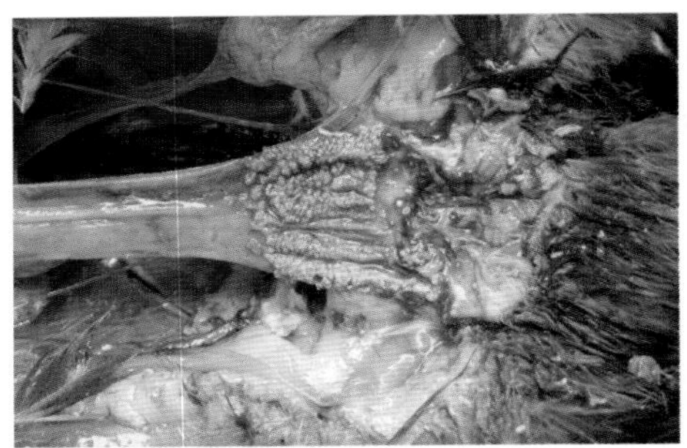

图 2-8　泄殖腔黏膜有黄色假膜和出血斑

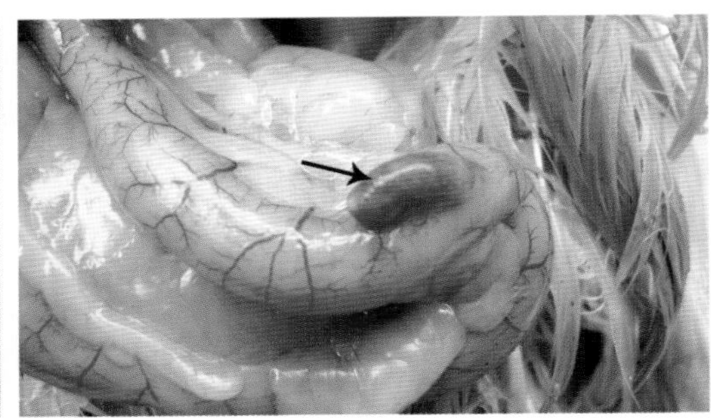

图 2-9　卵黄蒂出血

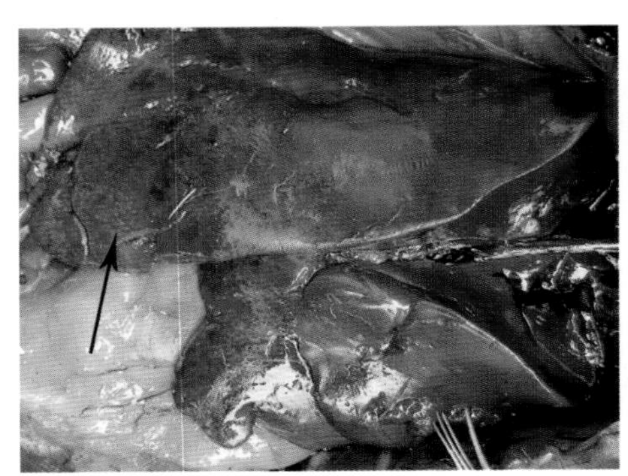

图 2-10　肝脏出血、坏死

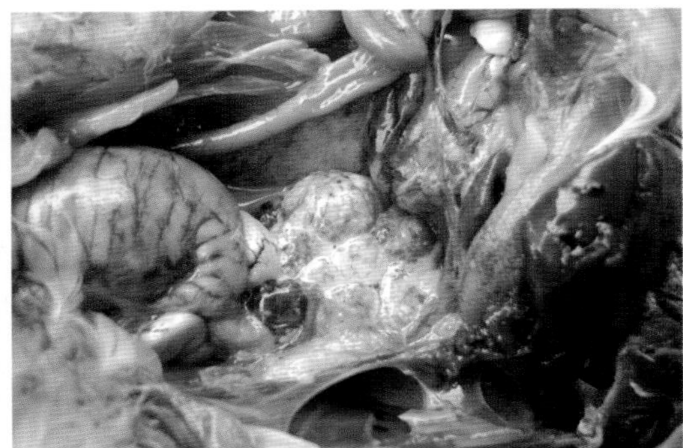

图 2-11　卵黄变性

诊断

根据临床症状和病理变化可做出初步诊断。必要时可进行病毒分离鉴定、酶联免疫吸附试验、聚合酶链反应试验（PCR）等方法确诊。在临床上，本病要与鸭巴氏杆菌病、鸭坏死性肠炎、高致病性禽流感及鸭维生素 A 缺乏症等进行鉴别诊断。

防控措施

①预防措施：除了加强饲养管理、做好鸭场生物安全和消毒外，主要依靠疫苗免疫接种来预防本病。在非疫区，一般于20~25日龄免疫一次，种鸭和蛋鸭于开产前一周再免疫一次。在疫区首免要提前到7日龄，二免安排在25日龄左右，种鸭和蛋鸭于开产前再免疫一次，必要时产蛋5~6个月后还需再免疫一次，免疫的剂量要逐次增加。

②控制措施：一旦发生本病，首先要采取严格封锁、隔离、消毒措施，禁止活鸭进出，继而要对所有假定健康的鸭采用大剂量的鸭瘟活疫苗紧急免疫接种（一般为5~8倍量），注射疫苗后要经10天才能控制病情。在紧急免疫过后10天内很有可能会出现发病率和死亡率剧增的现象。对发病鸭和死亡鸭要进行深埋或焚烧等无害化处理，防止病情扩散和传播，也要禁止病鸭外调和野外放牧，并对受污染的粪便、羽毛、污水等要进行彻底消毒或焚烧处理。在临床上对鸭瘟病例采用药物治疗或高免血清治疗基本上无价值。

（二）高致病性禽流感

本病是由H_5和H_7亚型禽流感病毒导致的高致病性、高死亡率的一种鸭（其他禽类也能感染）烈性传染病。该病在我国被列为畜禽一类传染病。

病原

禽流感病毒为正黏病毒科流感病毒属A型流感病毒，病毒粒子呈球形，直径80~120纳米，具有囊膜，囊膜上有两种纤突，即凝集素（HA）和神经氨酸酶（NA）。目前已报道的禽流感HA有16种（H_1–H_{16}），NA有9种（N_1–N_9），根据HA和NA的不同，禽流感病毒又分为许多亚型，根据病毒致病力不同又分为无致病力、低致病力（如H_9N_2）、高致病力（如H_5N_6、H_7N_2）毒株。流感病毒对热、脂溶性消毒剂比较敏感，一般消毒药均能将其灭活。阳光直射或紫外线照射易杀灭病毒，但在低温环境下病毒会存活较长时间。此外，病毒在鸭体组织、分泌物、粪便中会存活较长时间。

流行病学

各种禽类对H_5和H_7亚型禽流感均易感。在鸭品种中以番鸭最易感，其次为半番鸭和产蛋麻鸭及其他品种鸭。各种日龄鸭对本病均易感，但临床上10日龄以内的雏鸭较少见。一年四季均可发生，以冬春寒冷季节及气候骤变时节较为多发。本病的传播途径可通过接触性传播、空气传播，以及候鸟、运输工具等间接传播。在养殖密集地区本病可形成地方流行性。

临床症状

不同品种的鸭其表现症状有所不同，在此着重介绍肉鸭和蛋鸭的临床症状。

①肉鸭：初期表现为顽固性咳嗽，张口呼吸，用很多药物治疗均无明显效果。继而出现吃料减少或废绝，会喝水，精神委顿，个别出现脑神经症状（即头后仰、摇头、站立不稳，甚至仰翻在地，有时扭颈为“S”状或横冲直撞）（图 2–12）。眼结膜潮红（图 2–13），个别眼角膜混浊（图 2–14），甚至失明。拉黄绿色稀粪（图 2–15），个别严重时可见拉血便。病程可持续 7~10 天，其中以发病后 3~5 天病情最严重，死亡率也最高。发病率达 100%，死亡率达 50%~100%，病程持续 7~10 天。

图 2–12　头后仰，站立不稳

图 2–13　眼结膜潮红

图 2–14　眼球混浊

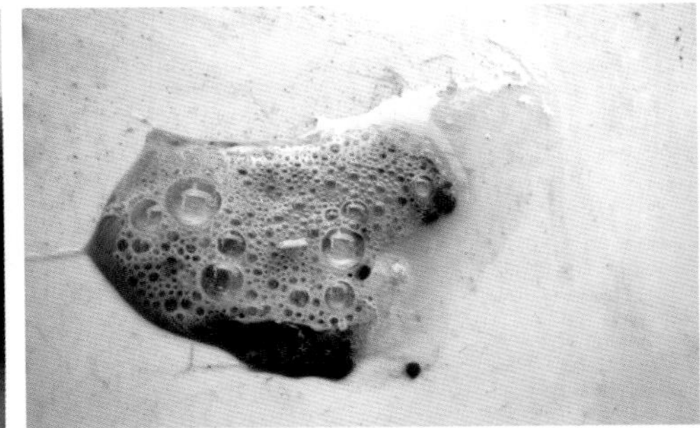
图 2–15　拉黄绿色稀粪

②蛋鸭和种鸭：没产蛋之前的后备蛋鸭和后备种鸭，其发生高致病性禽流感的临床症状与肉鸭基本相同。产蛋后的临床症状与前者有很大差别。主要表现饲料采食量突然减少或略减少，有少量咳嗽症状，拉黄白色稀粪，有时会带些黏液性粪便。产软壳蛋、薄壳蛋、粗壳蛋及畸形蛋偏多（图2-16），产蛋率呈现不同程度的下降（若是急性病例，则表现产蛋率急剧下降；若是慢性病例，则产蛋率逐渐下降）。脱肛的病鸭数量不断增加，每天都有一些病鸭和死鸭出现。种鸭还会导致种蛋受精率、出雏率明显下降，弱雏数明显增加。群体发病率高，但死亡率相对不高。急性病例的病程可持续7~10天，产蛋率可从95%下降到10%~20%；慢性病例病程可持续1~2个月时间，产蛋率逐渐下降到40%~50%。

图2-16　蛋壳质量异常

病理变化

①肉鸭：头部略肿大，皮下水肿。个别眼结膜潮红，眼角膜出现混浊现象，喙部发紫，羽毛管发黑，脚部皮肤出血呈红紫色（图2-17、图2-18）。喉头黏液较多，气管和支气管中有干酪样物阻塞。肺脏充血、出血，有些病例出现肺脏水肿（图2-19）。心脏肿大、心包液较多，心肌出现条状坏死（图2-20）。腺胃内充满脓性分泌物。胰腺充血、出血并有白色坏死点，严重的可见胰腺出现有液化坏死灶。肝脏肿大，其表面有时出现点状出血或极小的白色坏死点（图2-21）。

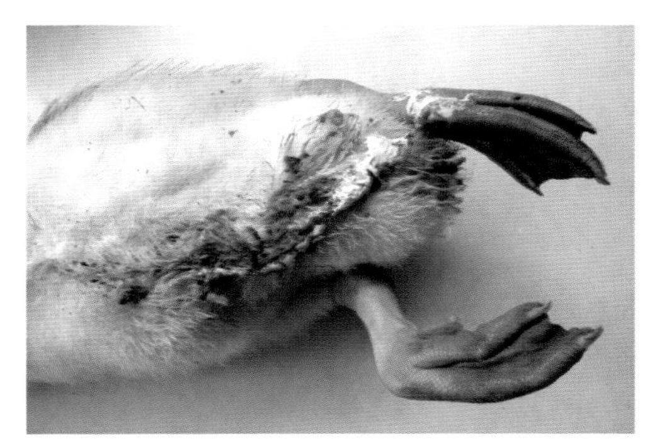
图2-17　脚皮肤出血

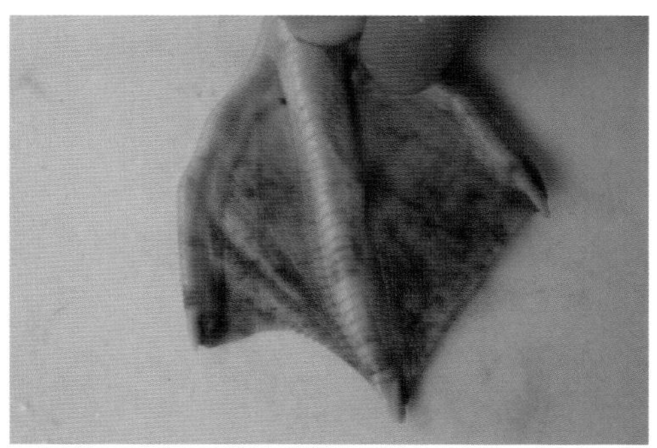
图2-18　脚蹼出血

脾脏略肿大呈斑驳状或出血。肠道呈卡他性炎症，肠壁上的淋巴环肿大，个别可见淋巴环出血。脑外膜充血、出血（图 2-22）。后期继发细菌性疾病时会出现心包炎、肝周炎及气囊炎病理变化。

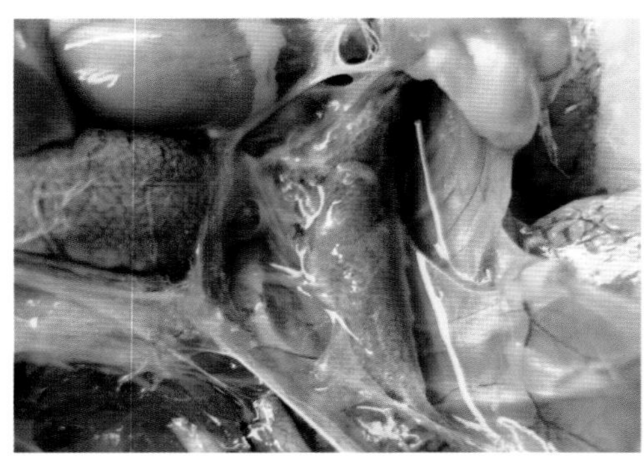

图 2-19　肺脏水肿

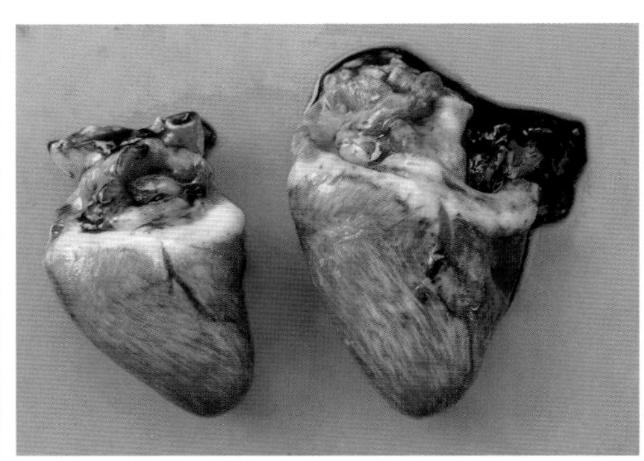

图 2-20　心肌条状坏死

图 2-21　肝脏肿大、出血，胰腺坏死、液化

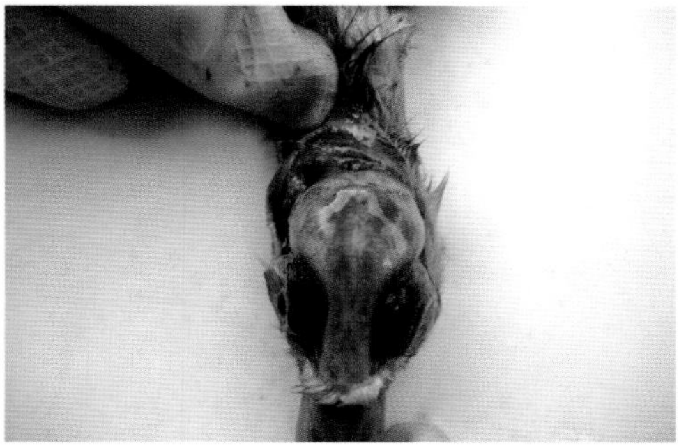

图 2-22　脑壳出血

②蛋鸭：后备蛋鸭的病理变化与肉鸭基本相同，但心肌条状坏死更为明显。产蛋之后蛋鸭的主要病理变化：急性病例可见到心肌条状坏死，肝脏肿大明显、表面出现许多小坏死点，胰腺也有小坏死点，卵巢上的卵泡变性萎缩，一些卵泡破裂形成卵黄性腹膜炎，输卵管炎症积液（实际是蛋清）（图 2-23），输卵管黏膜水肿明显，

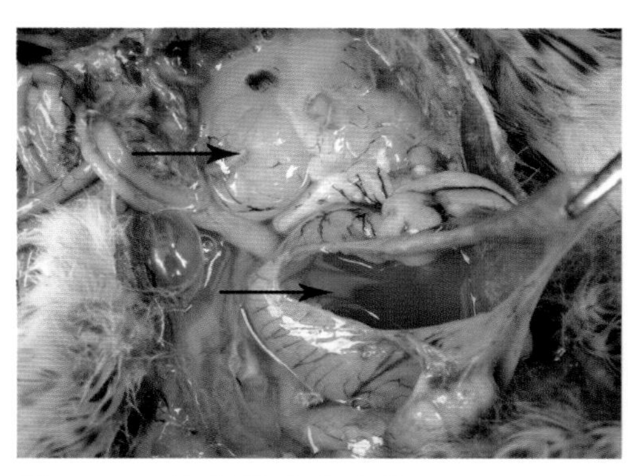

图 2-23　输卵管炎症积液

切开输卵管可见一些脓性分泌物或凝乳块。慢性病例很少能见到心肌坏死，但胰腺也有坏死点，卵巢上卵泡有不同程度的变性，输卵管有炎症和积液现象，多数病例可见到卵黄性腹膜炎，严重时可见整个腹腔积满变性蛋黄或腹腔腐烂变臭，肛门脱出并发生坏死现象。

诊断

①临床诊断：根据本病的流行病学、临床症状和病理变化可做出初步诊断。

②病毒分离：需在三级实验室中进行，并采用聚合酶链反应试验进行鉴定。

③其他实验室诊断方法：如取病料进行 H_5 和 H_7 亚型禽流感病毒的聚合酶链反应试验、血清学检测（如琼脂扩散试验和血凝抑制试验）等，以聚合酶链反应试验最为精确。

④鉴别诊断：在临床上需与鸭传染性浆膜炎、鸭副黏病毒病、鸭坦布苏病毒病等进行鉴别诊断。

防控措施

①预防措施：目前鸭的高致病性禽流感的免疫在我国属于强制免疫。具体免疫程序：12 日龄首免 H_5+H_7 亚型禽流感三价灭活疫苗 0.7 毫升，25 日龄二免 1 毫升，种鸭或蛋鸭开产之前再免疫 1.5 毫升。免疫接种后 25~30 天可抽血进行抗体检测，免疫抗体达 1:64 时，鸭群才有较好的抗体保护。除做好疫苗免疫外，还要提高鸭群的饲养管理水平，加强消毒和隔离工作，做好鸭场的生物安全措施，不要在鸭场内混养鸡、鹅等其他家禽，尽量减少与候鸟的接触。

②控制措施：按照我国政府规定，当某个鸭场发生疑似高致病性禽流感疫情时，首先要向当地兽医行政管理部门报告，并由相应级政府做出对疫点封锁、扑杀、消毒等处理措施。同时对疫点周围 5 公里范围内所有家禽加强 H_5+H_7 亚型禽流感三价灭活疫苗的紧急免疫。

（三）H_9 亚型禽流感

病原

禽流感病毒为正黏病毒科流感病毒属的 A 型流感病毒，病毒粒子呈球形，直径 80~120 纳米，具有囊膜，囊膜上有两种纤突，即红细胞凝集素（HA）和神经氨酸酶（NA）。目前已报道的禽流感 HA 有 16 种（H_1~H_{16}），NA 有 9 种（N_1~N_9）。

不同的 HA 和 NA 之间可发生多种形式的组合，产生许多不同亚型的禽流感病毒。H_9 亚型禽流感属于低致病性流感，在临床上以 H_9N_2 亚型为主，常见的有 9.4.2.5 分支或 9.2.4.6 分支。

流行病学

H_9 亚型禽流感的易感动物包括肉鸡、蛋鸡、火鸡、鸽子、水禽及部分野禽，各种日龄家禽均可发生。相对来说，鸭的易感性比鸡低些，但在气候骤变或饲养管理不良时也时常发生。传播途径包括接触传播和空气传播。发生 H_9 亚型禽流感后鸭群易诱发其他病原。

临床症状

病鸭表现顽固性咳嗽、流泪、啰音等呼吸道症状，精神沉郁，采食量减少，拉黄白色稀粪，严重时出现个别死亡。产蛋麻鸭或种鸭出现产蛋率逐渐下降，蛋壳变白并出现一些软壳蛋和畸形蛋，有时出现脱肛症状。个别鸭场可因天气转变而反复发作，病程持续 20~30 天。

病理变化

肉鸭剖检可见喉头黏液多，气管充血和出血（图 2–24），气囊混浊，肝脏、脾脏、肾脏等脏器略肿大（图 2–25），胰腺有白色坏死点。产蛋鸭还可见卵巢上的卵泡变性萎缩（图 2–26），有时可见卵泡破裂于腹腔中形成卵黄性腹膜炎，输卵管炎症水肿，输卵管、子宫内残留白色干酪样物（图

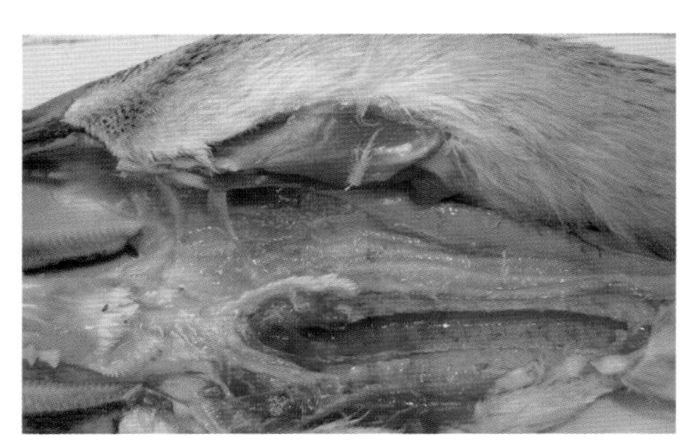

图 2–24　气管充血和出血

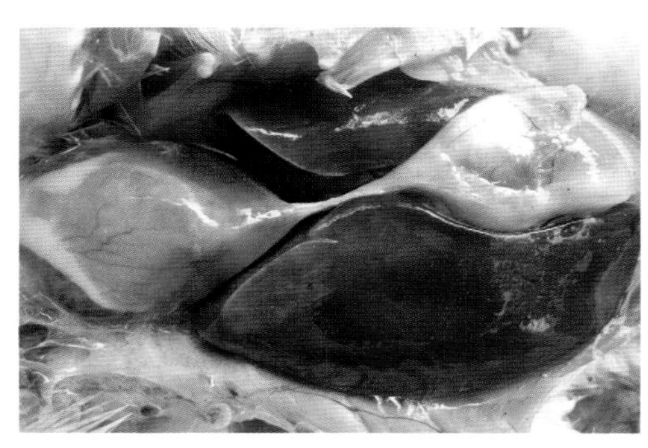

图 2–25　肝脏肿大

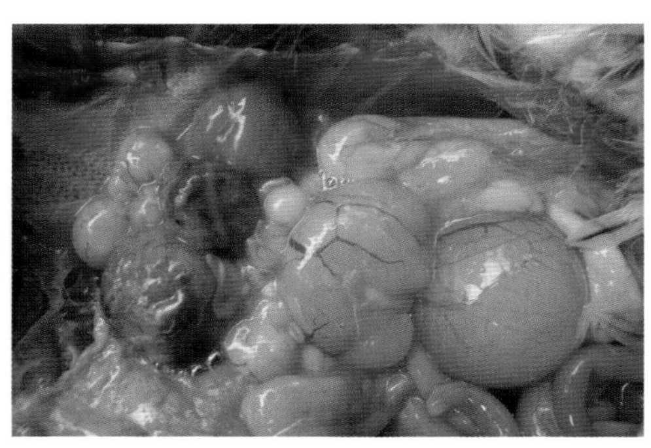

图 2–26　卵巢变性萎缩

2-27）。有时产蛋鸭出现肛门炎症坏死病变。在病情中后期，肉鸭会继发心包炎和肝周炎病变（图 2-28）。

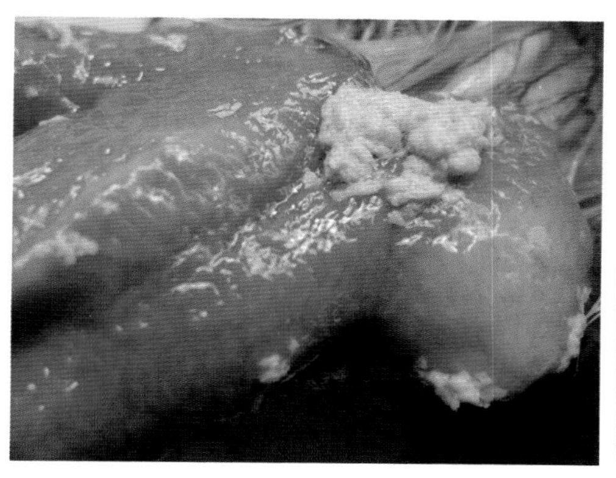

图 2-27　输卵管和子宫残留白色干酪样物

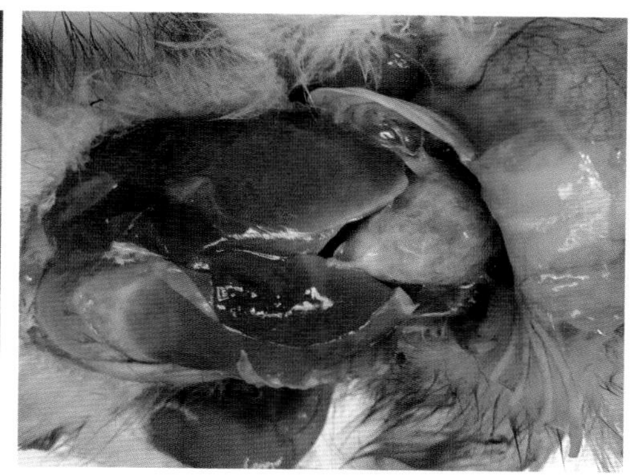

图 2-28　心包炎、肝周炎

诊断

取病死鸭的肝脏、肺脏、脾脏等病料采用 H_9 亚型禽流感引物进行聚合酶链反应试验进行诊断。在临床上，本病需与高致病性禽流感、鸭坦布苏病毒病、鸭减蛋综合征、饲养管理不良等原因引起的减蛋和呼吸道症状进行鉴别诊断。

防控措施

①预防措施：一方面要加强鸭场饲养管理措施，在寒冷季节或日常管理中要保持鸭舍内温度相对稳定，避免鸭群出现感冒。另一方面免疫接种 H_9 亚型禽流感疫苗，一般来说在 20~30 日龄阶段肌注 0.3~0.5 毫升，产蛋鸭在开产前再肌注 0.7~1 毫升。

②控制措施：鸭群发病时要采用抗病毒中药（如清瘟解毒口服液、荆防败毒散、黄连解毒散）进行治疗，有发热减料症状时配合退热药物（如卡巴匹林钙），咳嗽明显时要配合泰乐菌素或红霉素及麻杏石甘散进行治疗）。

（四）鸭病毒性肝炎

本病是由鸭甲型肝炎病毒引起的一种鸭急性高度致死性传染病。目前已报道有 3 个基因型，但在我国以 1 型和 3 型甲型肝炎病毒为主。

病原

鸭甲型肝炎病毒属于小 RNA 病毒科禽肝病毒属。病毒粒子呈球形，直径为 22~30 纳米，无囊膜，主要由蛋白衣壳和核酸构成。鸭甲型肝炎病毒可分为 3 个基因型，即 1 型、2 型和 3 型，我国以 1 型和 3 型为主，2 型仅在台湾省报道过。在不同基因型中的不同分离株还可能存在一些差异。

鸭甲型肝炎病毒对外界环境因素具有较强的抵抗力，可耐受乙醚、氯仿、胰酶的处理。该病毒在 37℃条件下可存活 21 天，在未清洗的污染环境下至少存活 70 天。

流行病学

各品种鸭均可感染本病。发病日龄常见于 2~20 日龄，其中 15 日龄以内雏鸭死亡率比较高，而 21 日龄以上雏鸭则零星发生或隐性带毒。一年四季均可发生。传播途径主要通过接触传播。有发生过本病的鸭场易形成疫源地。

临床症状

本病的病程短，发病快。起初表现精神沉郁，行动迟缓、离群，然后蹲伏或侧卧，并出现阵发性抽搐或头后仰。大部分病鸭在抽搐后数分钟至几个小时内死亡，死后大多呈角弓反张姿势（图 2–29）。雏鸭在水池边饮水后更容易出现死亡现象。发病率 10%~100%，死亡率 20%~60% 不等，个别严重的鸭群死亡率可高达 90% 左右。近年来，临床上出现胰腺型病毒性肝炎，表现症状与传统鸭病毒性肝炎类似，但发病率和死亡率相对较低，发病日龄也大些。

图 2–29　头后仰呈角弓反张

病理变化

皮下发黄（图 2–30），肝脏肿大，颜色为土黄色，表面有大小不等、程

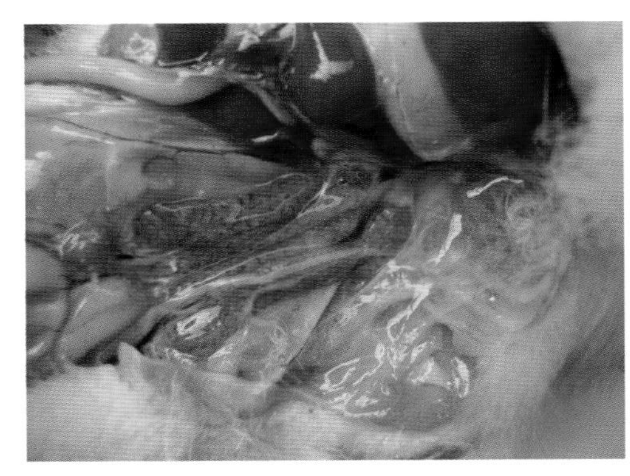

图 2–30　皮下发黄

度不同的出血点和出血斑（图 2-31 至图 2-33），胆囊肿大，心肌苍白，肾脏和脾脏也略有肿大和充血，其中肝脏上的出血点和出血斑具有特征性病理变化。鸭胰腺型病毒性肝炎的病理变化主要集中在胰腺，表现整个胰腺不同程度发黄（图 2-34、图 2-35），有些在肝脏上出现少量出血点（图 2-36）。

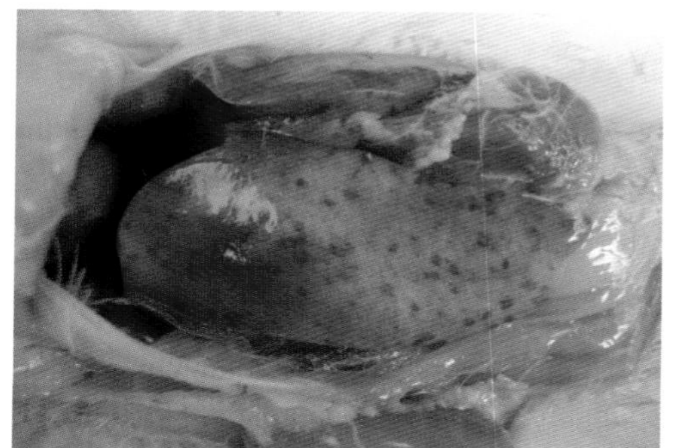

图 2-31　肝脏少量出血点

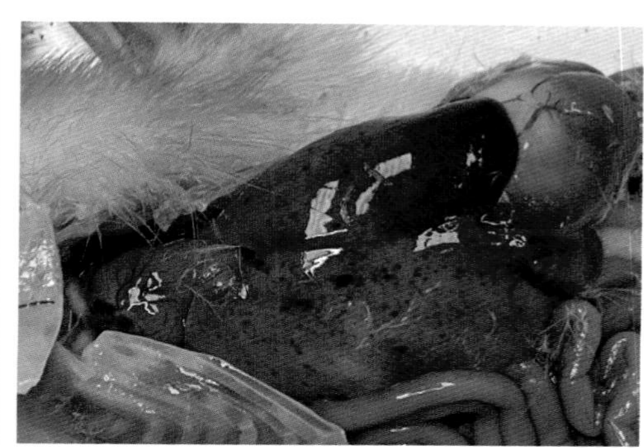

图 2-32　肝脏出血点

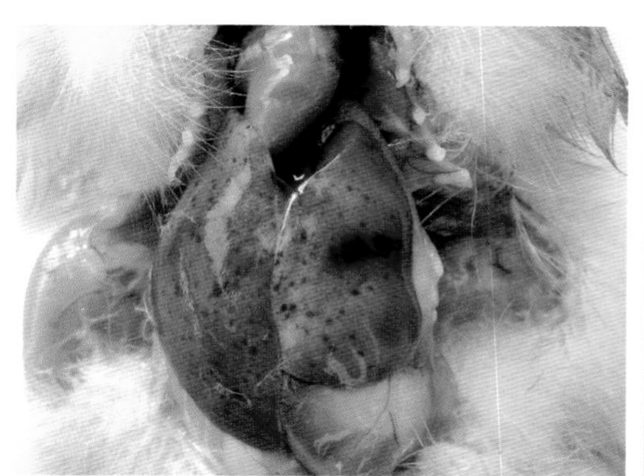

图 2-33　肝脏出血点和出血斑

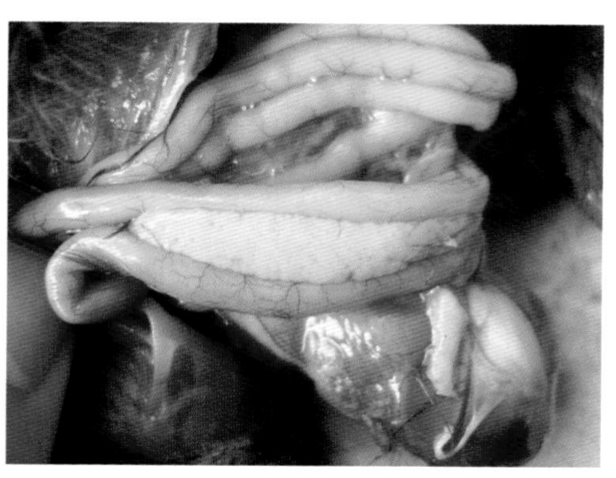

图 2-34　胰腺轻度发黄

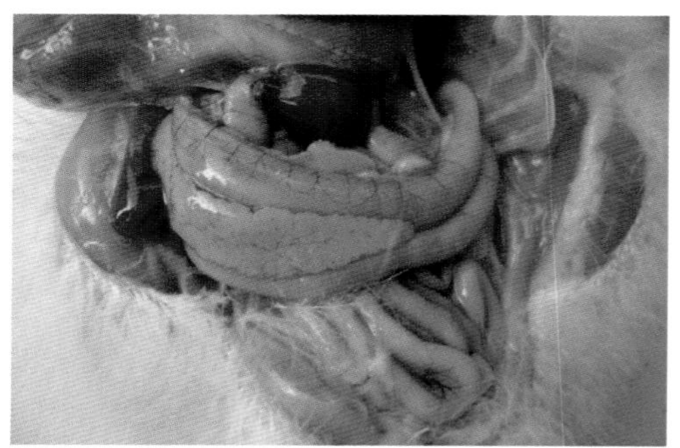

图 2-35　胰腺发黄

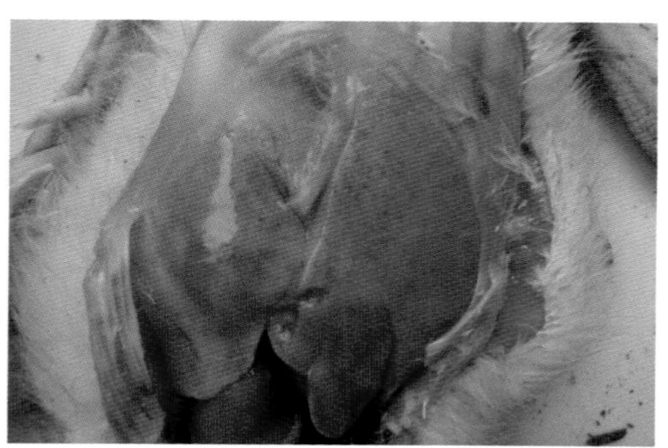

图 2-36　肝脏少量出血点

诊断

根据流行病学、临床症状、病理变化基本上可作出诊断，但在临床上要注意与鸭新型呼肠孤病毒病进行鉴别诊断。必要时可进行病毒分离和聚合酶链反应试验进行确诊。

防控措施

①预防措施：首先要做好种鸭病毒性肝炎疫苗的免疫工作，确保雏鸭具有较高的母源抗体（可保护到 10~20 日龄）。其次做好雏鸭的预防工作，包括主动免疫和被动免疫 2 种方法。其中主动免疫是对雏鸭进行肌内注射鸭病毒性肝炎活疫苗（若母源抗体水平高，则安排在 10 日龄左右免疫；若母源抗体水平低或种鸭没有进行过相关疫苗免疫，则安排在 1 日龄免疫）。被动免疫预防是在雏鸭 2 日龄时肌内注射鸭病毒性肝炎高免卵黄抗体 0.5~0.8 毫升，这对不了解母源抗体情况的雏鸭有较好的预防作用，但免疫保护效果持续时间较短，一般只有 7~10 天，必要时间隔 10 天后再注射 1 次鸭病毒性肝炎的高免卵黄抗体 0.8~1 毫升。此外，加强雏鸭的饲养管理、实行网上饲养、注意环境卫生、搞好消毒等措施均对本病有一定预防作用。

②控制措施：一旦发生本病，要立即肌注 1~1.5 毫升的鸭病毒性肝炎高免卵黄抗体或血清或球蛋白，这对经典型或胰腺型病毒性肝炎病例均有较好的治疗效果。饲喂保护肝脏的药品和抗病毒中药也有一定的辅助治疗作用。此外，要注意对病死鸭的无害化处理和环境的消毒工作，以免产生疫源地，对以后进场的每批雏鸭均可能造成感染。

（五）番鸭腺病毒病

本病是由 2 型或 3 型腺病毒导致番鸭出现以突然死亡、肝脏颜色变淡为特征的一种新型传染病，又称鸭白肝病或鸭肝白化病。

病原

腺病毒属于腺病毒科禽病毒属，没有囊膜，大小为 80~110 纳米，双股 DNA。禽病毒属中病毒种类繁多，由 I 亚群腺病毒、II 亚群腺病毒（火鸡出血性肠炎和相关病毒）、III 亚群腺病毒（产蛋下降综合征）组成。利用限制内切酶（RE）分析可将已知 12 个腺病毒血清型分为 A（血清 1 型）、B（血清 5 型）、C（血清 4、

10型）、D（血清2、3、9、11型）、E（血清6、7、8a、8b型）等5类。禽腺病毒对外界环境抵抗力比较强，对乙醚、氯仿、胰蛋白酶、酚、乙酸均有抵抗力，可耐受pH 3~9，对碘制剂、氯制剂、醛类消毒药敏感。

流行病学

本病目前只感染番鸭，偶尔见于北京鸭。发病日龄在10~40，以20~30日龄多见。传染源为病鸭、带毒鸭、粪便污染物及带毒种鸭。传染途径为接触性传播或垂直传播。一年四季均可发生，以春秋两季多见。发病率和死亡率高低与是否继发感染及鸭场饲养管理水平密切相关。

临床症状

病初病鸭表现精神委顿，缩头弓背，食欲减少或废绝，拉黄白色稀粪。发病后1~2天开始出现死亡，在第5~10天死亡达到高峰，而后逐渐减少，病程持续10~15天，总体发病率20%~50%，日均死亡率1%~3%，总体死亡率10%~50%。若在发病过程中使用氟苯尼考、磺胺类、多西环素等药物治疗，死亡率会明显增高，在发病期间若注射疫苗也会导致死亡率增高。

病理变化

病死鸭膘情较好，剖检可见肌肉苍白，肝脏肿大、呈黄褐色或黄白色（图2-37），质地较脆，脾脏有不同程度的肿大，胆囊肿大，肾脏肿大、表面有不同程度的出血点或出血斑（图2-38），法氏囊萎缩变小。发病中后期，肝脏表面可见散在出血点或出血斑（图2-39、图2-40），有些肝脏表面出现大小不等的坏死点或坏死斑（图2-41），长骨骨髓呈黄褐色。

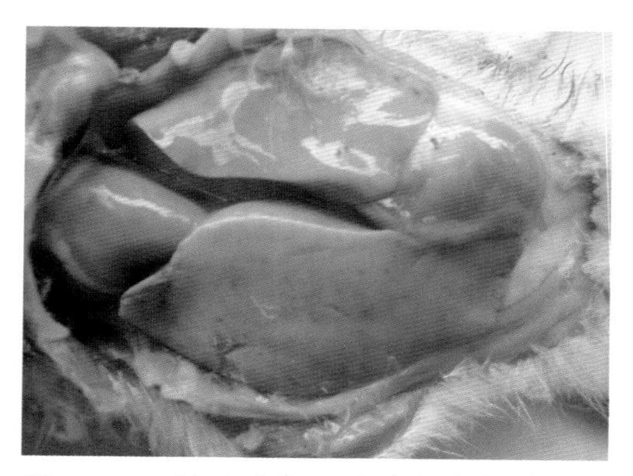

图2-37　肝脏肿大，呈黄褐色或黄白色

诊断

通过流行病学、临床症状及病理变化可做出初步诊断。实验室诊断可通过聚合酶链反应试验、单克隆荧光抗体切片及病毒分离鉴定来确诊。

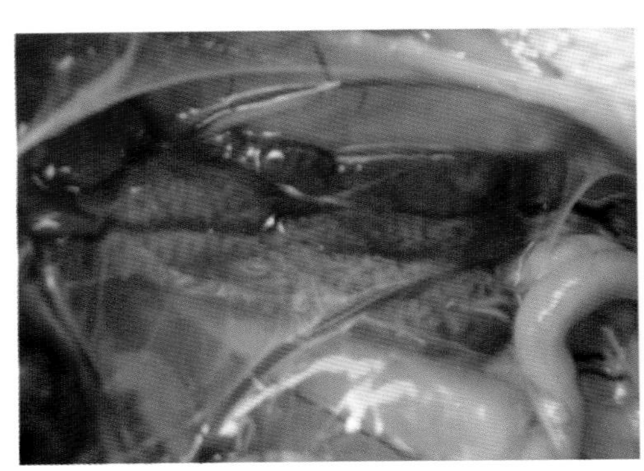
图 2-38　肾脏肿大出血

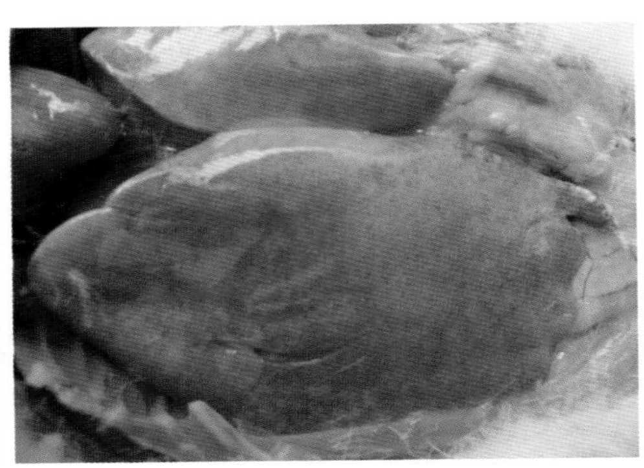
图 2-39　肝脏表面有出血点或出血斑

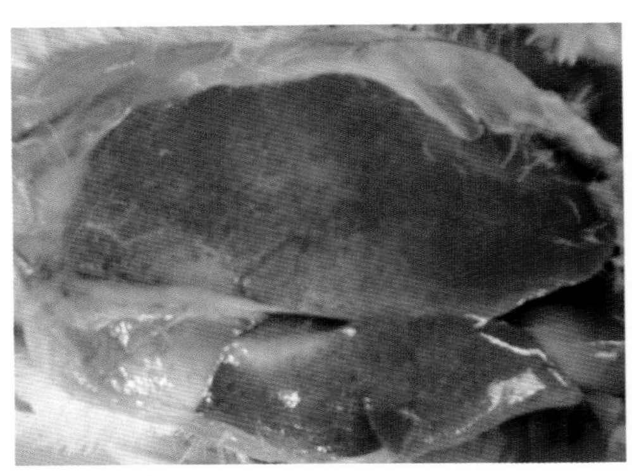
图 2-40　肝脏表面出血

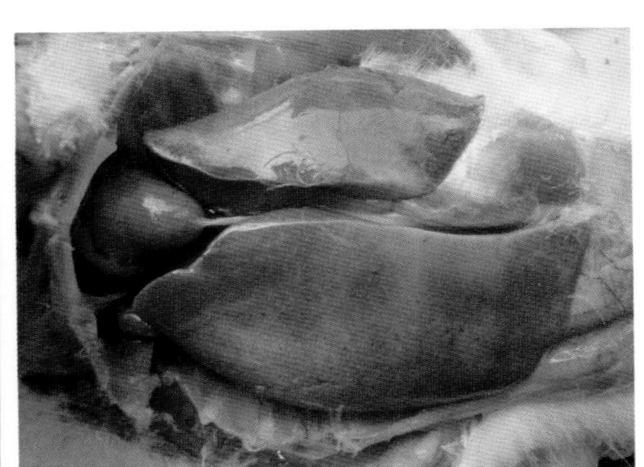
图 2-41　肝脏表面点状坏死

防控措施

①预防措施：本病是一种新型传染病，目前没有有效的疫苗可提供预防。生产实践中可通过做好种鸭净化，防止母体带毒，同时加强番鸭育雏阶段的饲养管理，减少不良应激等措施来减少本病的发生。

②控制措施：在临床上可采用保肝护肾和抗病毒药物进行治疗，减少发病率和死亡率。可在饮水或饲料中添加葡萄糖、多种维生素、黄芪多糖，以及黄芩、茵陈、板蓝根等中药进行治疗，不能添加多西环素、磺胺类等药物，以免增加死亡率。死亡率高时可采用相应的卵黄抗体治疗有一定效果。

（六）番鸭细小病毒病

本病又称“三周病”或“喘泻症”，是由番鸭细小病毒引起的一种雏番鸭急性、高度接触性传染病。

病原

番鸭细小病毒属于细小病毒科细小病毒属。病毒有实心和空心两种粒子，正二十面体对称，无囊膜，六角形，衣壳由 32 个壳粒组成。病毒直径为 20~24 纳米。病毒基因组为线性、单股负链 DNA，只有一个血清型。病毒耐乙醚、氯仿、胰蛋白酶、酸和热，对多种化学物质稳定，无血凝活性。

流行病学

本病自然病例只发生在番鸭中。发病日龄在 5~30，其中 10~21 日龄较常见。本病无明显的季节性，但寒冷季节及温差变化大时发病率较高。

临床症状

病鸭精神委顿，食欲下降或废绝，双脚无力，常蹲于地，不愿走动（图 2-42）。喙部发绀（图 2-43），喘气，张口呼吸明显（图 2-44），拉稀，排出灰白色或黄绿色稀粪，并常附于肛门周围。有些病例在死亡之前还表现神经症状。发病率 20%~65%，死亡率 20%~65%，发病日龄越大，死亡率越低。

图 2-42 病鸭精神委顿，不愿走动

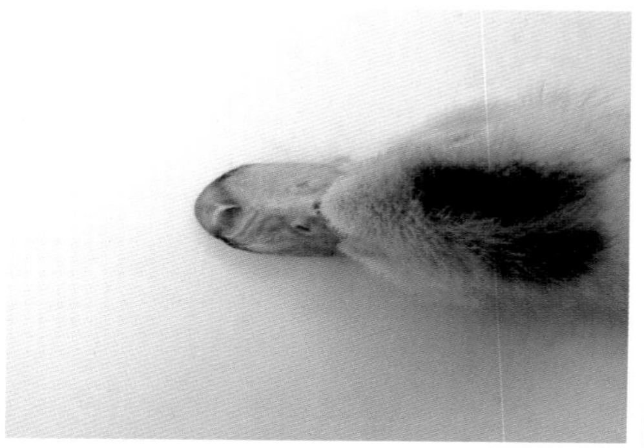

图 2-43 喙部发绀

图 2-44 张口呼吸

病理变化

胰腺表面有坏死（图 2-45）和出血，小肠肿大明显（图 2-46），肠道呈卡他性炎症，小肠浆膜层发红（图 2-47），肠道黏膜有不同程度的充血和出血，特别是十二指肠和直肠后段尤为明显（图 2-48）。有时小肠内容物也可见到干酪样栓塞物。胆囊略肿大，肾脏有尿酸盐沉积并呈斑驳状。

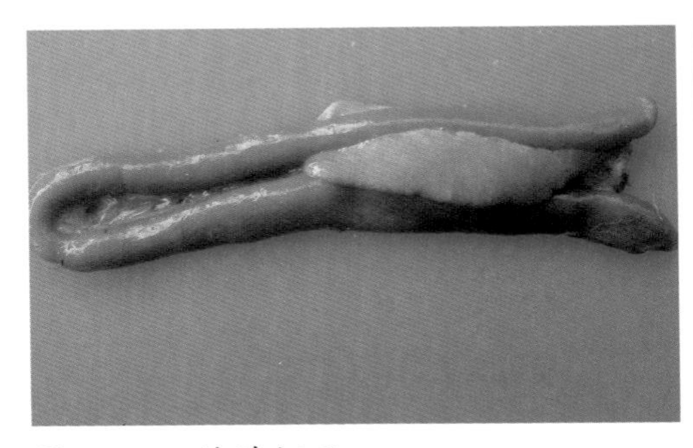

图 2-45　胰腺坏死

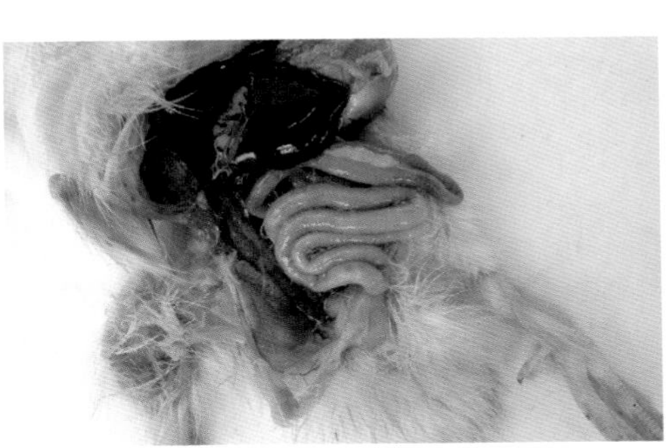

图 2-46　小肠肿大明显

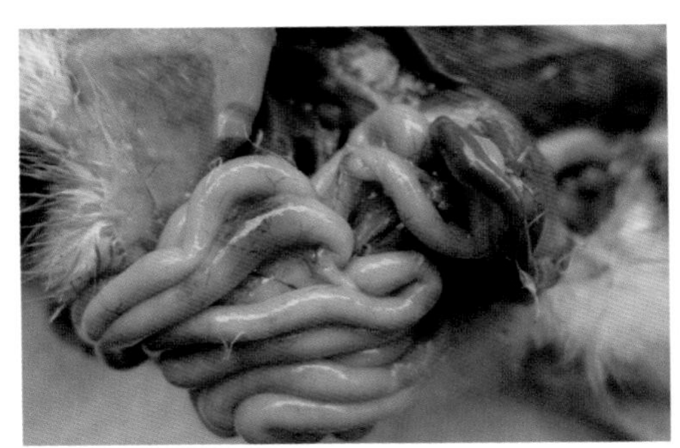

图 2-47　小肠浆膜层发红

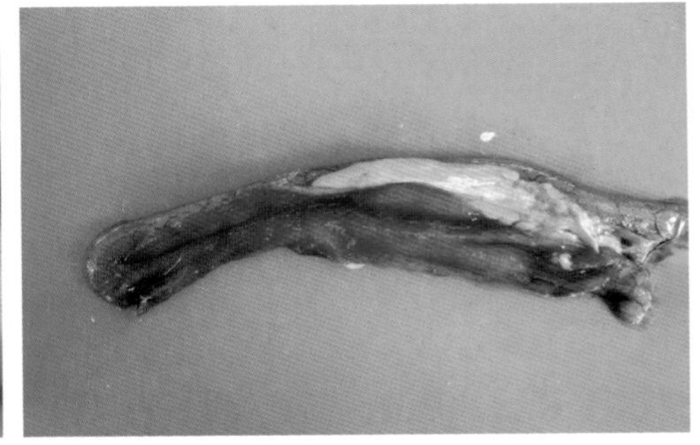

图 2-48　小肠出血明显

诊断

从流行病学、临床症状及病理变化可做出初步诊断。必要时取病料（肝脏、脾脏、肾脏）进行病毒分离鉴定和聚合酶链反应试验诊断，也可取病变组织进行单克隆荧光抗体切片进行诊断。在临床上鉴于本病易与番鸭小鹅瘟病毒病并发感染，要做好与番鸭小鹅瘟病毒病的鉴别诊断。

防控措施

①预防措施：对 1 日龄雏番鸭注射番鸭细小病毒活疫苗，这是预防本病的主

要措施。若雏番鸭的母源抗体水平高，可推迟到 7 日龄免疫。此外，对免疫状况不清楚或免疫效果不确实的雏番鸭，可安排在 7~10 日龄注射番鸭细小病毒高免血清或高免卵黄抗体 0.8~1 毫升，对预防本病也有一定效果。同时要加强饲养管理，搞好环境卫生，以及做好种鸭的免疫和净化工作。

②控制措施：发生本病时，病鸭肌注 1~1.5 毫升番鸭细小病毒高免血清或高免卵黄抗体，每天 1 次，连打 2~3 针有较好效果。同时配合肠道广谱抗生素（如硫酸庆大霉素）或抗病毒中药（如双黄连）等进行拌料或饮水，提高本病的治疗效果。

（七）番鸭小鹅瘟病毒病

本病是由小鹅瘟病毒导致雏番鸭发生以腹泻及小肠形成肠栓塞为特征的一种传染病。

病原

小鹅瘟病毒属于细小病毒科细小病毒属，在形态、理化特性、基因组大小等方面与番鸭细小病毒均很相似，两者的高免血清存在一定的交叉反应。

流行病学

在自然条件下雏番鸭和雏鹅都会发生本病。发病常见于 5~25 日龄，日龄越大易感性越低，1 月龄以上的番鸭也偶尔发病。本病无明显的季节性，但以冬季和早春多发。在临床上常见本病与番鸭细小病毒病混合感染。

临床症状

病鸭精神委顿（图 2–49），吃料减少或厌食，水样拉稀，粪便为黄白色或淡黄绿色，最后衰竭而死亡，但无张口呼吸等呼吸道症状。发病日龄要比番鸭细小病毒病略早些。发病后死亡率可高达 70%~90%。病程持续 7~10 天以上。在临床上，番鸭小鹅瘟病毒病与番鸭细小病毒病时常并发感染。

图 2–49　精神委顿

病理变化

小肠肿胀（图 2-50），十二指肠黏膜出血明显（图 2-51）。在小肠和盲肠内可见肠黏膜脱落凝固，并形成特征性的肠栓塞（如香肠样）把整个肠道阻塞住（图 2-52、图 2-53），在发病初期肠栓塞不明显。有些病例可见腺胃和肌胃出血，两者交界处有糜烂溃疡。

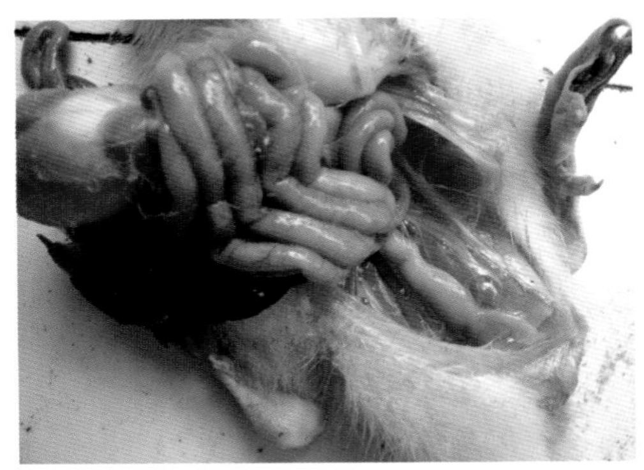

图 2-50　小肠肿胀

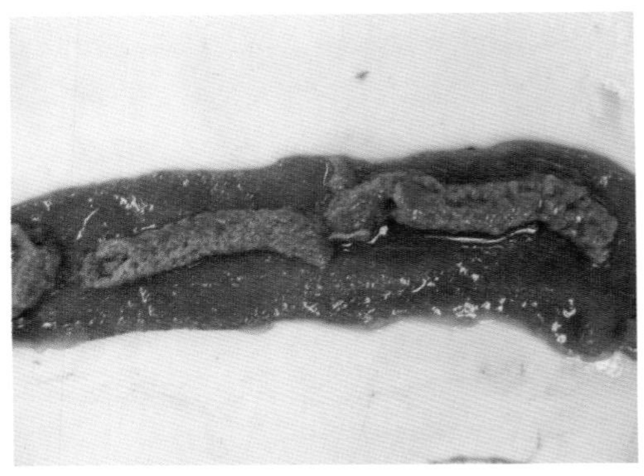

图 2-51　十二指肠黏膜出血明显

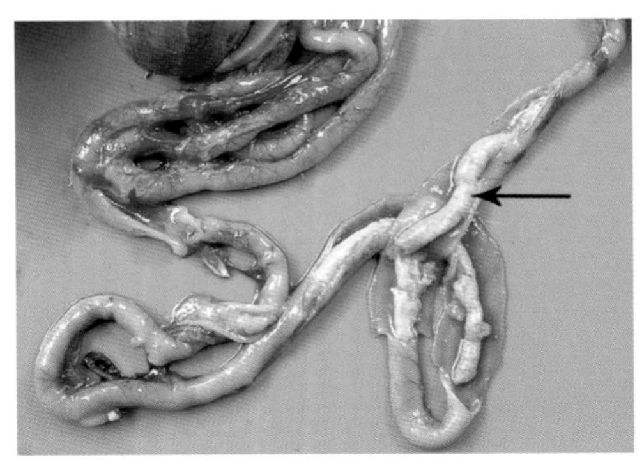

图 2-52　小肠内形成香肠样阻塞物

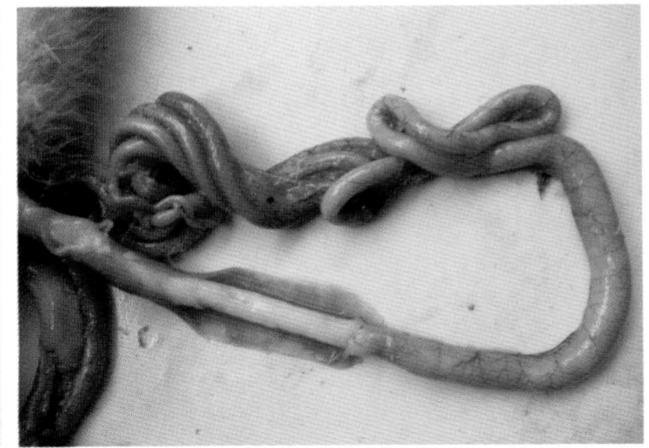

图 2-53　小肠内形成肠栓塞

诊断

结合本病的流行病学、临床症状及特征性病理变化可做出初步诊断。必要时可取病死鸭的肝脏、脾脏、肾脏进行病毒分离鉴定、聚合酶链反应试验及单克隆荧光抗体切片进行确诊。在临床上本病要注意与番鸭细小病毒病进行鉴别诊断，同时要注意存在这两种病混合感染的可能。

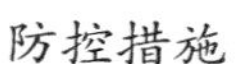

①预防措施：对1~2日龄的雏番鸭注射小鹅瘟病毒活疫苗进行预防免疫接种。若雏番鸭的母源抗体较高，免疫注射时间可推迟到6~9日龄。在不知是否存在有母源抗体的情况下，可于10日龄左右注射小鹅瘟高免血清或高免卵黄抗体进行预防。此外，加强雏番鸭早期的饲养管理对预防本病也有一定作用。

②控制措施：发生本病时，要尽快把病鸭和假定健康鸭分开饲养，并及时注射小鹅瘟病毒高免血清或高免卵黄抗体（每羽注射1~1.5毫升，连用2~3天）。同时配合肠道广谱抗生素（如硫酸庆大霉素）或抗病毒中药（如双黄连等）进行拌料或饮水，以提高本病的治疗效果。

（八）鸭短喙矮小综合征

本病是由短喙型小鹅瘟病毒（又称短喙型鹅细小病毒或新型小鹅瘟病毒）导致番鸭、半番鸭、樱桃谷鸭等出现以软脚、短嘴、生长障碍为特征的一种新型传染病，又称短喙病、玻璃鸭、长舌病、大舌病等。

病原

短喙型小鹅瘟病毒属于细小病毒科细小病毒属，在形态、理化特性、基因组大小等方面与小鹅瘟病毒均很相似。其核苷酸全基因序列与小鹅瘟病毒的同源性为96%，与番鸭细小病毒的同源性为81%。该病毒是小鹅瘟病毒与番鸭细小病毒在野外自然重组而成的。

流行病学

本病可发生于番鸭、半番鸭、樱桃谷鸭、北京鸭、麻鸭等，10~40日龄均可发病。本病的发病率和致死率与日龄密切相关。日龄小，其发病率和死亡率较高。日龄超过25天后，很少死亡，但出现较多的短嘴和矮小病例。本病无明显季节性，传播途径可通过垂直传播和水平传播。

临床症状

病初病鸭症状较轻微，有少量减料及轻微的肠炎拉稀表现。随着病情发展，病鸭表现精神委顿，站立不稳，行走时双脚向外岔开（图2-54），呈“八”字脚或弓腰走路，走几步后身体趴下，有的出现严重跛行、瘫痪或脚后伸（单脚或双脚）（图2-55）。后期表现消瘦，均匀度差，僵鸭多，骨骼变脆易折，共济

图 2-54　双脚向外岔开

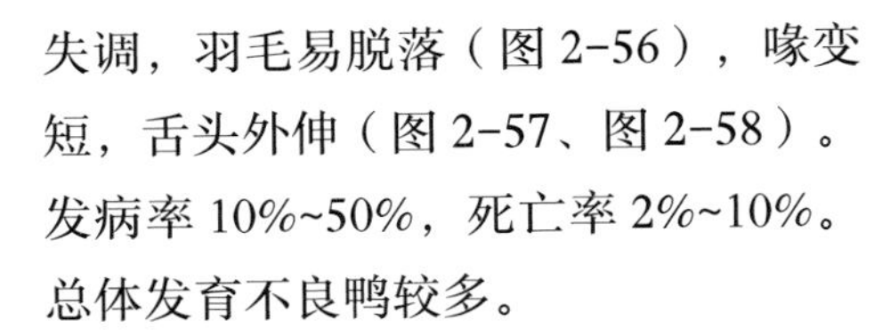

失调，羽毛易脱落（图 2-56），喙变短，舌头外伸（图 2-57、图 2-58）。发病率 10%~50%，死亡率 2%~10%。总体发育不良鸭较多。

病理变化

舌头外伸、肿胀，舌部肌肉钙化增生，全身骨质疏松易折断，小肠有不同程度卡他性肠炎。胸腺出血，肝

图 2-55　双脚瘫痪

图 2-56　羽毛易脱落

图 2-57　喙变短，舌头外伸

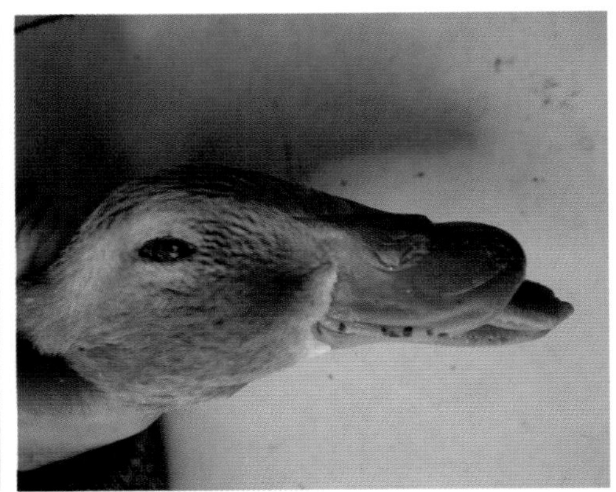

图 2-58　上喙变短

脏萎缩。其他内脏器官无明显病变。

诊断

通过本病的流行病学、临床症状及病理变化可做出初步诊断。实验室诊断可采用聚合酶链反应试验、血清学调查、单克隆荧光抗体切片诊断确诊。此外在临床上要与鸭传染性浆膜炎、番鸭呼肠孤病毒病、鸭佝偻病进行鉴别诊断。

防控措施

①预防措施：种鸭开产前免疫接种小鹅瘟病毒灭活疫苗 0.5~1 毫升，并做好种鸭病原净化工作，对预防小鸭发生该病有较好的效果。此外，对 1 日龄雏鸭免疫注射小鹅瘟活疫苗 1~1.5 羽份，对预防本病也有很好预防效果。在管理上要提倡网上饲养，加强鸭舍的卫生消毒工作对预防本病也有一定帮助。

②控制措施：发生本病时要及时肌注小鹅瘟病毒的高免卵黄抗体 1~1.5 毫升，这对未出现临床症状的假定健康鸭有防治效果，但对已出现症状的病鸭治疗效果较差。

（九）番鸭呼肠孤病毒病

本病又称“番鸭肝白点病”或“花肝病”，是由番鸭呼肠孤病毒引起的一种雏番鸭急性、接触性传染病。本病是一种免疫抑制性疾病。

病原

番鸭呼肠孤病毒属于呼肠孤病毒科呼肠孤病毒属。病毒颗粒无囊膜，呈二十面体对称且具有双层衣壳结构，平均直径 72 纳米，内层衣壳包裹着病毒的基因组片段。基因为双链 RNA，由分节段的 10 个基因片段组成，故本病毒又称基因Ⅰ型呼肠孤病毒。

番鸭呼肠孤病毒对热有一定的抵抗力，在 60℃条件下放置 5 小时不能完全使病毒失活。病毒对乙醚不敏感，对氯仿轻度敏感，对紫外线和 pH 敏感。

流行病学

在自然条件下，本病只感染雏番鸭，通过人工接种也可导致雏鹅发病。与鸡呼肠孤病毒同源性较低。发病在 4~50 日龄，其中 7~30 日龄为多见。日龄越小发病程度越严重。一年四季均可发病，但育雏室的温差大易诱发本病，打针应激也可诱发本病。本病以种鸭垂直传播为主，也可通过水平接触传播。

临床症状

病初病鸭精神委顿、食欲减少或废绝，软脚，跗关节着地（图 2–59），拉黄白色稀粪，死亡快。3~5 天后发病率和死亡率逐渐增加，同时越来越多病鸭出现关节肿大（图 2–60），部分病鸭出现咳嗽症状，个体发育参差不齐。到 25~30 日龄后死亡率逐渐减少，但软脚的数量可增加到 50%~80%。在寒冷天气里，软脚的病鸭易被打堆压死。耐过病鸭生长速度缓慢而成僵鸭。康复后鸭群出现大小参差不齐。病程较长，可持续 15~30 天，发病率 20%~90%，死亡率 25%~80%。

图 2–59　跗关节着地

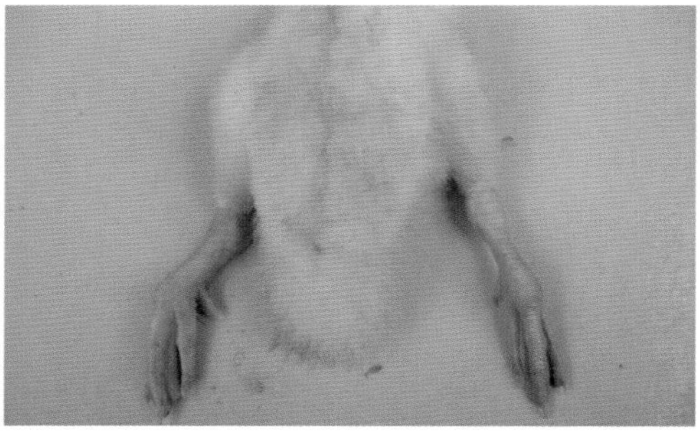

图 2–60　关节肿大

病理变化

不同发病阶段的病理变化有所不同。第一阶段：刚开始发病的 3~5 天内主要是肝脏肿大，表面有许多细小的灰白色坏死点（图 2–61），脾脏也有肿大坏死，呈斑驳状，肾脏肿大。第二阶段：发病 4~5 天后，出现严重心包炎，心包腔内有大量纤维素性干酪样渗出物，心包膜与心脏粘连（图 2–62）。此外，肝周炎和气囊炎的病变也非常明显。此时通过镜检，小部分病变心包膜可镜检到鸭疫里默杆菌或大肠杆菌，而大部分病变心包膜检不出任何细菌。第三阶段：发病 7~8 天后，跗关节出现红肿（图 2–63），切开关节可见上部腓肠肌腱水肿、关节液增多，病程长的会出现关节硬化或纤维化，有时在关节腔内还会出现干酪样渗出物。

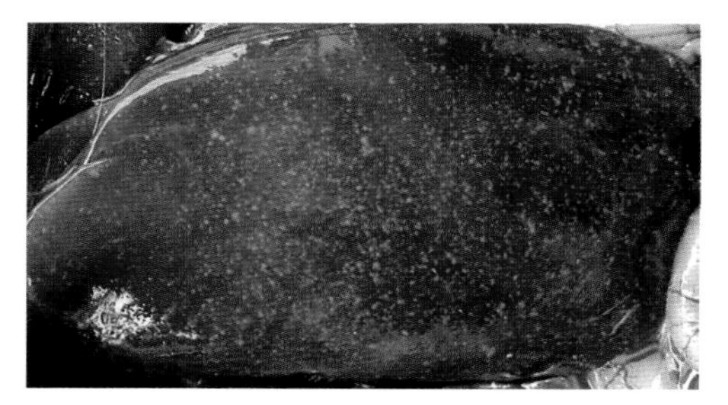

图 2–61　肝脏白色坏死点

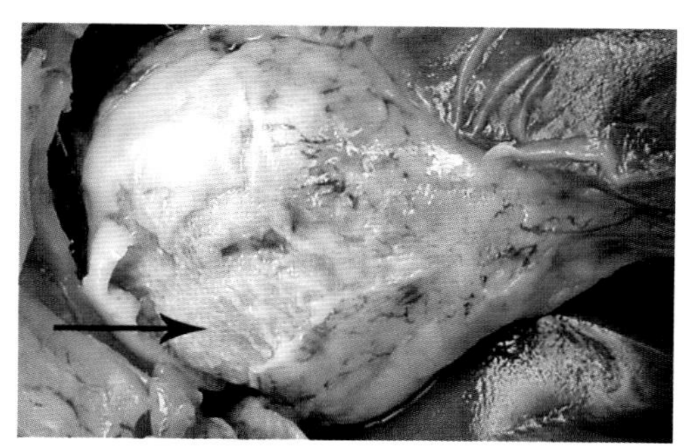

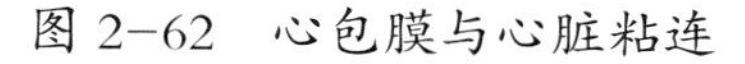
图 2-62　心包膜与心脏粘连

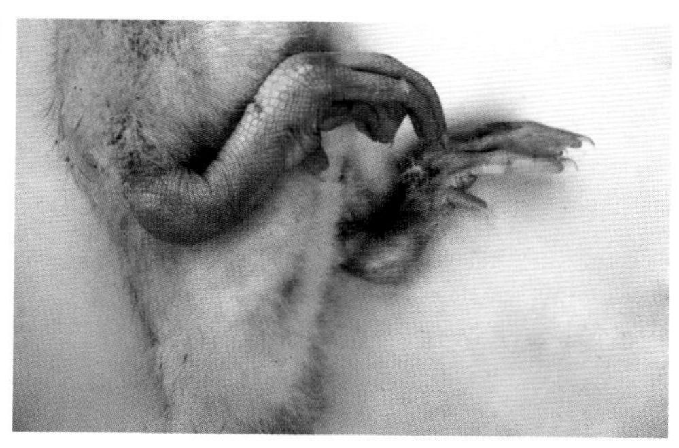
图 2-63　跗关节红肿

诊断

通过本病的流行病学、临床症状及病理变化可做出初步诊断。必要时进行病毒分离、聚合酶链反应试验来确诊。在临床上要注意与禽巴氏杆菌病、鸭沙门菌病、鸭传染性浆膜炎、鸭大肠杆菌病进行鉴别诊断。

防控措施

①预防措施：第一，做好种鸭的净化工作，预防本病通过种蛋垂直传播。凡是患有番鸭呼肠孤病毒病的鸭群不能留做种用。同时要加强种鸭场和孵化场所、孵化器及种蛋的消毒工作。第二，雏番鸭出壳后第 1 天采用番鸭呼肠孤病毒病活疫苗进行免疫接种，有较好的免疫保护作用。第三，加强雏番鸭的饲养管理工作，尤其是做好育雏室的保温工作，这是预防本病的主要措施之一。在育雏早期要尽量减少打针刺激，并做好饮水、投料、通风等管理工作。

②控制措施：要根据本病的不同阶段，采取不同的治疗发案。在第一阶段（即刚发病头 4~5 天），应采取以抗病毒、提高机体免疫力及隔离淘汰病鸭为主要措施。具体来说，在鸭群中若发现病例时，要及时地把病鸭和死鸭挑出来淘汰处理，防止本病在早期造成大面积扩散，同时在饮水中加一些黄芪多糖、抗病毒中药（如双黄连）及一些保护肝脏药品（如多种维生素、葡萄糖等）。在发病期间尽量不要使用刺激性强的药物或注射灭活疫苗，否则会加剧病情。在第二阶段（即心包炎阶段）除了继续使用第一阶段用药外，还要配合使用一些广谱抗生素（如氟苯尼考、阿莫西林）治疗细菌的继发感染。在第三阶段（关节炎、软脚阶段），重点治疗关节炎和继发感染。具体来说，可肌内注射阿莫西林、地塞米松、氨基比林及禽干扰素等药物，同时配合口服氟苯尼考、阿莫西林等抗菌药

物，加快关节炎病鸭的早期康复。此外还要加强鸭群的饲养管理，防止病鸭打堆、踩压而死，饲料中要多加一些多种维生素来提高鸭群的机体免疫力。

（十）鸭新型呼肠孤病毒病

本病是由于新型呼肠孤病毒导致番鸭、半番鸭、产蛋麻鸭等品种鸭出现以多脏器出血、坏死为特征性病变的一种新型传染病，又称鸭肝脾出血坏死症、雏番鸭新肝病、鸭肝出血坏死症、鸭多脏器出血坏死病等。

病原

新型呼肠孤病毒属于呼肠孤病毒科正呼肠孤病毒属，又称基因 2 型呼肠孤病毒。病毒颗粒为无囊膜、二十面体对称的双层衣壳结构，平均大小约 72 纳米。病毒基因组为双链 RNA，由分节段的 10 个基因片断组成。该病毒与其他禽源呼肠孤病毒同源性较低，S1 基因与禽呼肠孤病毒核苷酸同源性只有 46.3%。病毒对热有一定的抵抗力，对乙醚不敏感，对氯仿轻度敏感，对紫外线和酸碱敏感。

流行病学

该病毒可导致番鸭、半番鸭、产蛋麻鸭、天府肉鸭、樱桃谷鸭等多品种鸭发病死亡。发病于 4~35 日龄，以 5~10 日龄居多，日龄越小发病越严重。发病率 5%~32.5%，病死率 4%~20%。一年四季均可发生。本病可通过水平接触传播，也可通过种鸭垂直传播。打针、移群等应激可增加本病的发病率和死亡率。

临床症状

病鸭精神委顿、食欲减少或废绝，轻度软脚，喙部着地，拉黄白色稀粪，死亡快。不良打针应激（如注射卵黄抗体或禽流感灭活疫苗）均会明显增加发病率和死亡率。病程可持续 5~7 天，患病耐过鸭出现明显生长发育迟缓，且导致免疫抑制，极易诱发细菌性疾病。

病理变化

病鸭出现内脏多脏器的坏死和出血病变。其中肝脏出血和坏死最为明显，可见肝脏表面出现点状出血及不规则的黄色坏死灶（图 2-64），心肌出血明显（图 2-65），法氏囊水肿出血明显（图 2-66、

图 2-64　肝脏坏死和出血

图 2-67），脾脏不同程度出血变黑（图 2-68），有些存在白色坏死点。胰腺、肾脏、肠道等脏器也有不同程度出血和坏死点。

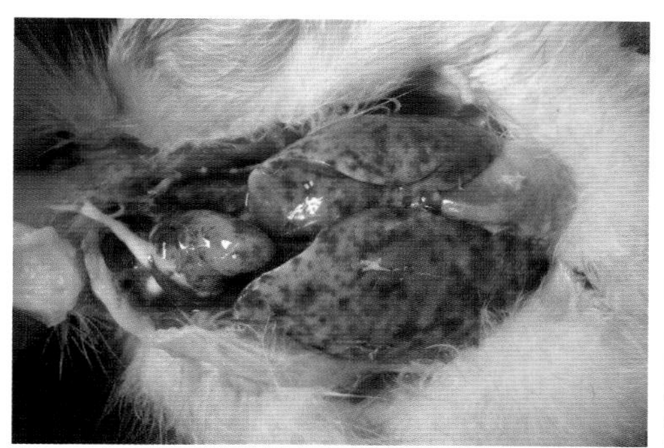

图 2-65　肝脏和心脏出血

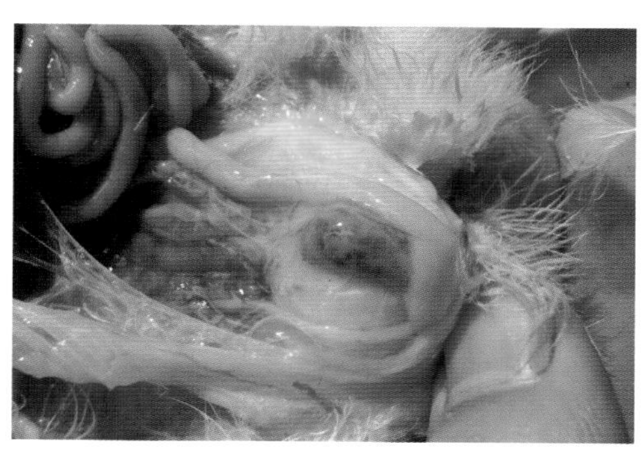

图 2-66　法氏囊水肿、出血

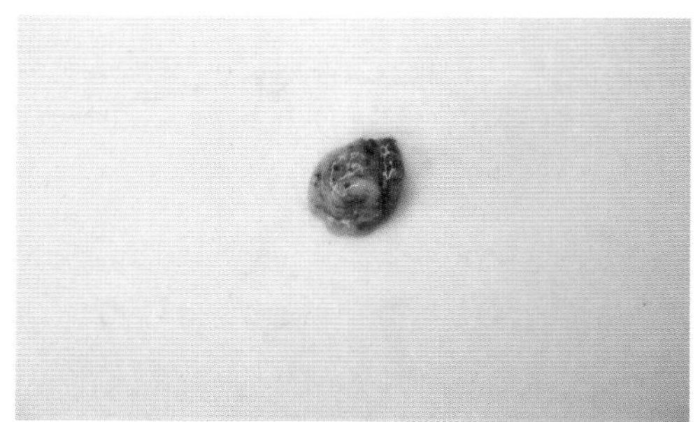

图 2-67　法氏囊出血

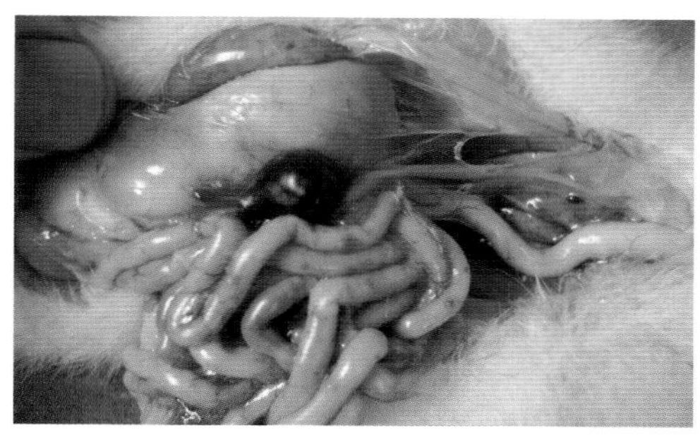

图 2-68　脾脏出血变黑

诊断

通过本病的流行病学、临床症状及病理变化可做出初步诊断。在临床上，本病要与鸭病毒性肝炎进行鉴别诊断。确诊需采集病死鸭的肝脏、脾脏等病料进行病毒分离，以及鸭新型呼肠孤病毒 S1 基因的聚合酶链反应试验进行诊断。

防控措施

①预防措施：一方面要做好种鸭的净化工作，杜绝有本病隐性感染的鸭做父本或母本；另一方面鉴于目前还未有相应的疫苗进行预防，可通过加强饲养管理、提高雏鸭免疫力、减少各种不良应激来预防本病的发生。

②控制措施：目前尚未有特效的药物治疗本病，可以采用一些保肝和抗病毒药物进行一般性治疗。对死亡率高的鸭群可采用禽干扰素或植物血凝素进行治疗

有一定效果，此外据报道，采用鸭新型呼肠孤病毒病的高免血清或相应的精制卵黄抗体治疗也有一定效果。若死亡率不高，通过加强饲养管理，经过 4~7 天病情会逐渐好转。

（十一）鸭坦布苏病毒病

鸭坦布苏病毒病是由黄病毒科黄病毒属中的坦布苏病毒引起的一种鸭急性传染病。本病是近年在我国刚出现的一种新型鸭传染病，又称鸭出血性卵泡炎或鸭黄病毒病。

病原

鸭坦布苏病毒病属于黄病毒科黄病毒属。该病毒粒子呈球形，由核心和囊膜组成，大小约 50 纳米，主要存在感染细胞的胞浆内。病毒基因组为单股正链 RNA，到目前为止，未发现有不同的血清型。鸭坦布苏病毒抗原经乳鼠脑组织繁殖和有机溶剂处理后，在一定的 pH 范围内可凝集雏鸡、鹅、鸽红细胞。

流行病学

该病毒对鸭和鸡均易感，多见于种禽或蛋禽产蛋期间，在后备蛋鸭和肉鸭也会发生。各种日龄鸭均可发生。一年四季均可发病，以冬春寒冷季节及季节转换或野外放牧遭雨淋后多发，可呈地方流行性。本病的传播途径可通过接触传播、空气传播及虫媒传播，此外也可通过蛋筐、装鸭袋子、运输工具等间接传播。鸭群隐性感染后遭雨淋等不良应激易暴发本病。

临床症状

病鸭体温升高，精神沉郁，吃料减少或废绝，咳嗽，拉白色稀粪，个别病鸭出现软脚或单侧瘫痪的症状（图 2-69），发病速度快，发病 2~3 天后鸭产蛋率迅速下降（从 90% 下降到 20%），发病率可达 50%~100%，但死亡率不高，一般为 5%~15%，病程持续 7~14 天。康复后的鸭群产蛋率不易恢复正常。肉鸭和后备蛋鸭主要

图 2-69　软脚或单侧瘫痪

表现精神沉郁，吃料减少，单侧瘫痪等脑神经症状，死亡率可达 10%~50%。

病理变化

卵巢上的卵泡膜出现不同程度的出血（图 2-70），严重时可见卵泡出现不同程度萎缩变性（图 2-71、图 2-72），中后期可见卵泡破裂并形成卵黄性腹膜炎。病死鸭喉头有黏液附着，气管内有不同程度充血或出血，胰腺出现白色坏死点。急性病例可见心脏有坏死病变（图 2-73）。个别有脑神经症状的病死鸭可见脑膜充血和出血病变。

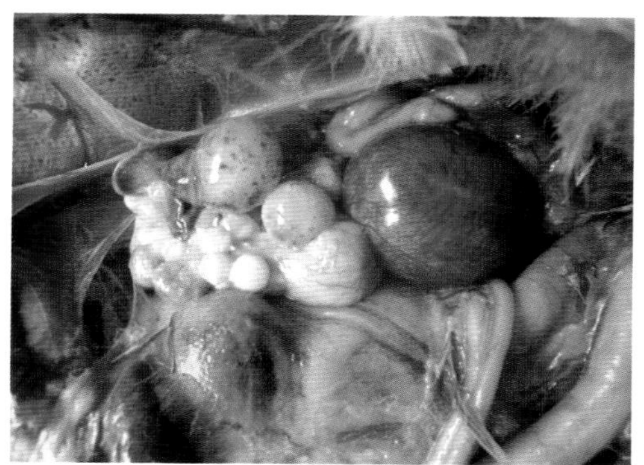

图 2-70　卵泡出血

图 2-71　卵泡出血、变性

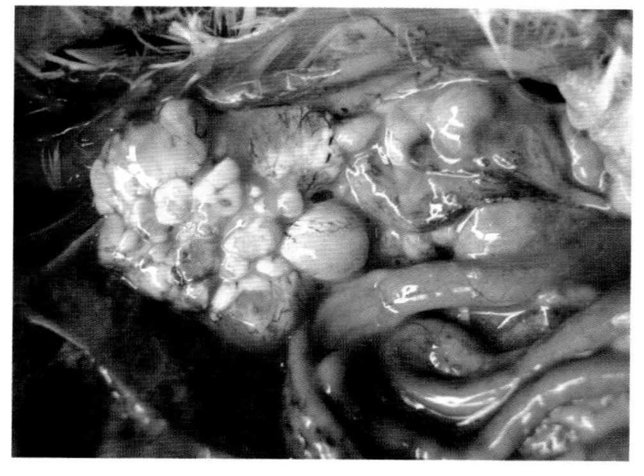

图 2-72　卵泡完全变性

图 2-73　心肌坏死

诊断

通过病毒分离及针对 NS_5 基因片段进行聚合酶链反应试验而确诊。在临床上要注意与高致病性禽流感、鸭减蛋综合征及造成产蛋鸭减蛋症状的其他原因进行鉴别诊断。

防控措施

①预防措施：产蛋鸭开产前肌注鸭坦布苏病毒病活疫苗或灭活疫苗有较好效果。此外，鸭群还可通过科学的饲养管理，提高饲料营养水平，加强消毒隔离等措施进行预防。在本病多发季节里（冬春季节）还要做好鸭舍的保温工作。

②控制措施：发生本病后要及时在饲料中添加一些抗病毒中药（如黄连解毒散、清瘟解毒口服液）进行治疗有一定效果，对个别精神委顿的病鸭可采用解热镇痛药配合阿莫西林粉针进行肌内注射有一定效果。若产蛋率下降明显，则治疗效果比较差，建议以淘汰为主。

（十二）鸭圆环病毒病

鸭圆环病毒病是近年来新发现的由鸭圆环病毒引起的一种鸭传染病，各品种鸭均可感染，主要侵害鸭体免疫系统，导致机体免疫功能下降，易遭受其他病原并发或继发感染。

病原

鸭圆环病毒属于圆环病毒科圆环病毒属。该病毒无囊膜，呈圆形或二十面体对称，直径为 15 纳米，是目前已知最小的鸭病毒，病毒基因组为环形，单链 DNA。圆环病毒属中病毒种类比较多，包括猪的圆环病毒、鹅圆环病毒、鹦鹉圆环病毒、鸽圆环病毒等，不同种类的核苷酸序列同源性有所差异，不同地区分离的鸭圆环病毒基因型有所不同，呈现鸭圆环病毒生态多样性。

流行病学

各品种、各日龄鸭均会感染，但我国鸭圆环病毒感染呈现地域、品种和日龄差异性特点，不同地区鸭群感染率差异大，感染率为 19.1%~81.2%；在不同品种中以番鸭感染率最高，其次为樱桃谷鸭、半番鸭、麻鸭，而野鸭最低；在不同日龄样品中以 21~70 日龄样品阳性率最高，其次为 20 日龄内和 70 日龄以上。此外，在鸭胚中也检出鸭圆环病毒，表明本病可通过垂直传播。

临床症状

鸭圆环病毒感染鸭无特征性的典型症状，主要表现鸭群生长发育不整齐，一些病鸭生长迟缓，羽毛紊乱，体况消瘦，有些表现羽毛生长不良或掉毛（图 2–74）。感染鸭群与其他病原共感染严重，在临床上常见与鸭疫里默氏菌、番鸭细小病毒、番鸭呼肠孤病毒、H_9 亚型禽流感病毒、大肠杆菌等病原混合感染。

病理变化

单纯性的鸭圆环病毒病会导致病鸭脾脏、胸腺出现不同程度的萎缩，法氏囊出现坏死及囊内淋巴细胞减少，但也缺乏一些特征性病理变化。此外，存在并发感染病例则会出现相应的典型病变。

图 2–74　体况消瘦，羽毛生长不良

诊断

由于本病缺乏特征性的临床症状和病变，以及一些病例存在隐性感染，在临床上不易做出初步诊断。本病的确诊需采集病死鸭的法氏囊、脾脏等组织进行聚合酶链反应试验诊断。

防控措施

①预防措施：目前针对鸭圆环病毒病的预防工作着重通过加强日常的饲养管理，维护好鸭场内外的环境卫生，加强消毒，并做好种鸭净化工作，防止疫病的垂直传播。此外，要做好鸭传染性浆膜炎等疫病的预防工作，防止继发感染。

②控制措施：目前针对鸭圆环病毒病尚无特异性治疗措施，可以使用黄芪多糖等中药制剂来提高鸭群的抵抗力。出现一些并发症或继发感染时，应采取相应疾病的治疗方案。

（十三）鸭副黏病毒病

鸭副黏病毒病是由禽 I 型副黏病毒引起的一种鸭消化道和呼吸道传染病，又称鸭新城疫。

病原

禽 I 型副黏病毒属于副黏病毒科禽腮腺炎病毒属。病毒粒子呈不规则形，直径 100~250 纳米，表面有囊膜，镶嵌有大量纤突。病毒基因组为不分节段的单股负链 RNA。该病毒只有一个血清型，但不同毒株的致病性存在很大差异，引起鸭发病死亡的毒株几乎都属于基因Ⅶ、Ⅸ型两个基因型，其中基因Ⅶ型毒株的致病性要稍强于基因Ⅸ型毒株。该病毒对理化因素的抵抗力较强，在 −70℃经几年仍保持感染力，对酸和碱的耐受性较强，在pH2或pH10的条件下仍可存活数小时。

流行病学

发病鸭、死鸭、带毒鸭及其排泄物是主要传染源。本病可通过粪口直接传播、传播媒介的间接传播和种鸭的垂直传播。番鸭、半番鸭、麻鸭对本病均易感，其中番鸭相对较易感。不同日龄鸭均会感染，肉鸭感染多见于8~30日龄，日龄越小，发病越严重，中大鸭病情相对较轻，多数呈现隐性感染。本病也可见于产蛋麻鸭，可导致产蛋率下降。本病一年四季均可发生，但以冬春寒冷季节多见。

临床症状

病鸭早期表现食欲减少，羽毛松乱，饮水增加，缩颈，两腿无力，腹泻（排出灰白色稀粪），站立不稳，趴卧或不愿行走。中期粪便呈粉红色稀粪。后期粪便呈绿色或黑色，部分病鸭出现转圈（图2–75）或头后仰等神经症状（图2–76），发病率可达50%，死亡率20%~30%。产蛋麻鸭还会出现产蛋率下降及蛋壳变白的症状。

图2–75　转圈

图2–76　头后仰

病理变化

病死鸭肝脏、脾脏肿大，表面有大小不等的白色坏死灶，胆囊肿大，小肠肿大，小肠黏膜出血坏死，胰腺表面散布大量针尖大小的白色坏死点或出血点，腺胃黏膜脱落，腺胃乳头轻微出血，腺胃和肌胃交界处有出血斑（图2–77），肌胃下层有点状出血（图2–78），肺脏出血。有脑神经症状的病死鸭脑膜出血及脑水肿。产蛋麻鸭出现卵巢上卵泡变性，输卵管水肿，有些出现卵黄性腹膜炎。

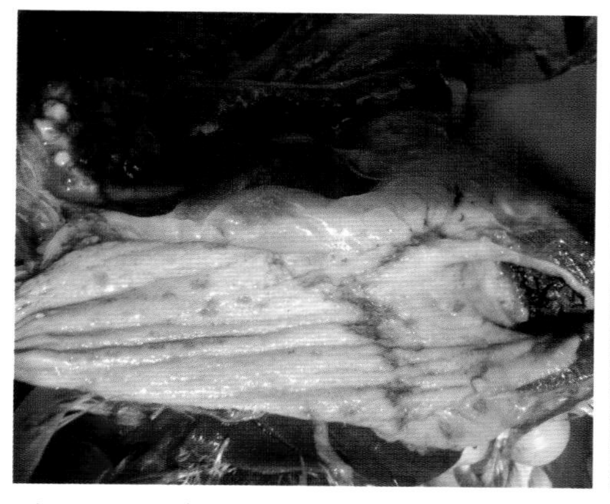

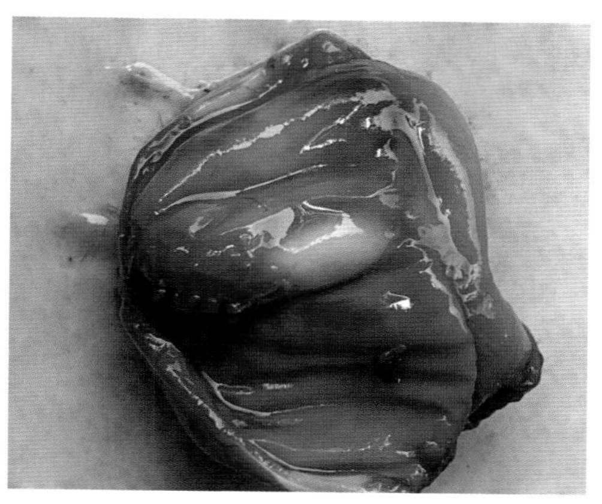

图 2–77　腺胃和肌胃交界处有出血斑

图 2–78　肌胃下层出血

诊断

本病的确诊有赖于病毒分离鉴定和聚合酶链反应试验。在临床上要注意与高致病性禽流感、番鸭细小病毒病、鸭坦布苏病毒病进行鉴别诊断。

防控措施

①预防措施：在鸭场可采用鸭副黏病毒灭活疫苗或鸡新城疫疫苗进行免疫接种预防。同时要加强鸭场的生物安全措施，提高饲养管理水平，及时做好其他相关病毒的疫苗免疫工作。

②控制措施：本病无特效的治疗药物。据报道，采用本病的高免卵黄抗体及一些抗病毒中药（如双黄连）进行治疗有一定效果。同时在治疗过程中可适当地使用一些广谱抗生素（如氟苯尼考、恩诺沙星等）控制大肠杆菌等细菌的继发感染，以提高治疗效果。

（十四）鸭减蛋综合征

鸭减蛋综合征是由禽腺病毒引起蛋鸭或种鸭产蛋下降的一种传染病。该病以产蛋率急剧下降、产白壳或软壳蛋为特征。

病原

鸭减蛋综合征的病原是腺病毒科禽腺病毒属中的Ⅲ群禽腺病毒。该病毒只有一个血清型，但可分为 3 个基因型，无囊膜，双链 DNA，病毒大小为 80 纳米。病毒抵抗力强，对乙醚、氯仿不敏感，在室温条件下会存活 6 个月，加热

60℃ 30 分钟被灭活。病毒能凝集鸡、鸭、火鸡、鹅、鸽及孔雀的红细胞，并能被特异抗血清所抑制。

流行病学

感染的母鸭在性成熟之前，减蛋综合征病毒一般处于潜伏状态，且不表现出感染性，也不易被检测到。蛋鸭开产后，应激反应使病毒激活并使产蛋鸭表现临床症状。本病的传播可以通过垂直传播和水平传播，带毒水禽及野鸟是主要传染源。易感动物包括鸡、鸭、鹅、鹌鹑、珍珠鸡、野鸡等。发病日龄以产蛋前期的2~3 个月多见。鸭群发病与各种不良应激（如天气、管理、饲料改变）有密切相关。

临床症状

发病初期多数鸭无明显症状，采食量正常，少数鸭出现精神沉郁，采食量减少，有轻度下痢，并出现零星死亡。中后期表现产蛋率急剧下降，产蛋率由 90% 下降到 50% 左右，并出现大量的薄壳壳、软壳蛋或无壳蛋，以及大小不均的鸭蛋（图 2–79），同时蛋壳破裂多、蛋重变轻，并产生一些粗壳蛋和畸形蛋（图 2–80），种蛋的受精率下降。流行期过后，产蛋率也不能完全恢复到发病前水平。

图 2–79　大小不均的鸭蛋

图 2–80　畸形蛋

病理变化

剖检时可见输卵管水肿，黏膜有卡他性炎症，输卵管变窄，卵巢萎缩变小，卵泡发育不良。有些出现卵黄性腹膜炎。心脏、脾脏、肺脏、肾脏等脏器无明显病变。

诊断

本病的确诊一方面可取病料采用聚合酶链反应试验进行减蛋综合征病毒核酸检测；另一方面可抽取发病时期和康复后鸭群血清进行减蛋综合征抗体检测，若康复后减蛋综合征抗体明显升高，也可诊断为鸭减蛋综合征。

防控措施

①预防措施：在平时饲养过程中要加强管理，减少各种不良应激，保持鸭舍的内外环境相对稳定。同时可采用鸭减蛋综合征（EDS-76）的单联、二联或三联灭活疫苗进行免疫接种，对预防本病的发生有较好效果。

②控制措施：目前尚未有特效的治疗药物。可在饲料中适当增加一些多种维生素、氨基酸等营养物质及添加黄芪多糖等中药，对鸭群产蛋率恢复有帮助。

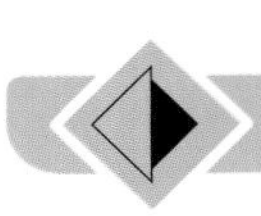

三、鸭细菌性疾病诊治

（一）鸭传染性浆膜炎

本病是由鸭疫里默杆菌引起的一种鸭细菌性传染病，又称鸭疫或鸭疫巴氏杆菌病。近年来，本病流行很广，几乎所有养鸭场都有本病存在。

病原

鸭疫里默杆菌按照最新的分类属于黄杆菌科里默菌属。该菌为革兰阴性菌，不运动，不形成芽孢，单个或成双排列，大小为（0.3~0.5）微米 ×（1~2.5）微米。瑞氏染色时，菌体呈两极着染。到目前为止，已证实的血清型有 21 个，其中常见的有 1、2、3、4、5、6、7、8、9、10、11、12、14 型，表明我国鸭群中鸭疫里默杆菌的血清型较为复杂。鸭疫里默杆菌对营养要求比较高，可在巧克力琼脂、血液琼脂或添加 2% 胎牛血清的胰酶大豆琼脂上生长，在血液琼脂上生长无溶血现象。

流行病学

番鸭、半番鸭、麻鸭、北京鸭、樱桃谷鸭及鹅等品种对本病均易感。不同地区或不同鸭场的感染率、菌株毒力及血清型有很大差异，发病于 5~80 日龄，其中 10~60 日龄多见。一年四季均可发病，以气候骤变时或受到不良应激时较为多见。感染鸭及污染的场所是主要传染源。病菌可以经消化道、呼吸道及破口皮肤而感染。

临床症状

病鸭呈现咳嗽、软脚、精神沉郁、头颈歪斜、步态不稳和共济失调等症状（图 3–1），粪便稀薄且呈黄绿色，眼鼻的分泌物较多，同时可见眼眶四周羽毛潮湿，采食量基本正常。随着

图 3–1　脑神经和软脚症状

病程的发展，出现部分病鸭死亡，也有部分病鸭会耐过转为僵鸭。在易发日龄段发病，治愈后还会反复发作。发病率 20%~40%，死亡率 5%~40%。

病理变化

心包膜增厚，心包液混浊，心脏表面有明显的纤维素性物质渗出，并出现心脏与心包粘连。肝脏肿大，肝脏表面有一层纤维素性渗出物（图 3-2）。气囊混浊，有时在腹腔内会出现黄色豆腐皮样渗出物。脑外膜充血、出血（图 3-3）。胃肠道和肾脏无明显变化。

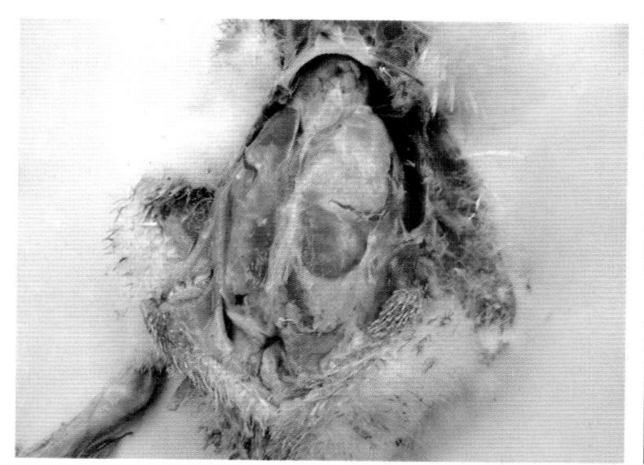

图 3-2 心包炎和肝周炎

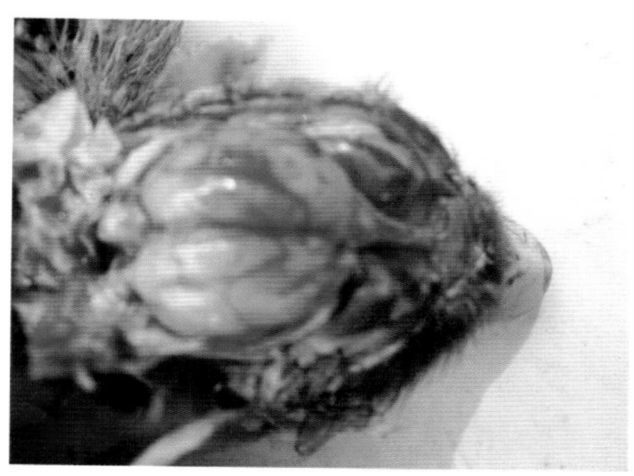

图 3-3 脑外膜充血、出血

诊断

根据流行病学、临床症状及病理变化可做出初步诊断。确诊需取病死鸭的心包液、脑组织、肝脏组织或气囊进行细菌涂片和细菌分离鉴定。鸭疫里默杆菌为革兰阴性菌，短小、不形成芽孢，单个或成双排列。经瑞氏染色，两极浓染（图 3-4）。将病料组织接种于胰酶大豆琼脂平板（TSA）或巧克力琼脂平板，并置于 5% 二氧化碳培养箱中 37℃培养 24~48 小时，可见表面光滑、稍突起、直径为 1~1.5 毫米圆形露珠样小菌落。此外，还可以采用聚合酶链反应试验进行诊断。

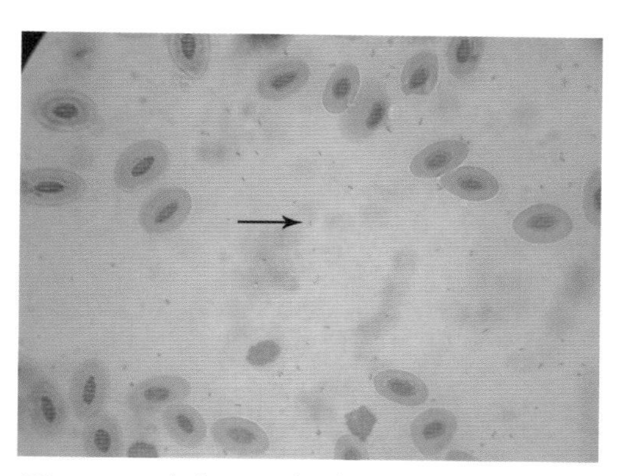

图 3-4 鸭疫里默杆菌形态

防治措施

①预防措施：首先要加强饲养管理，做好环境卫生和消毒工作，尽量减少气候骤变、打针、饲料配方改变等不良应激，有条件的鸭场应提倡网上饲养。其次，在本病较严重的鸭场，可安排在7日龄左右免疫注射鸭传染性浆膜炎灭活疫苗或鸭传染性浆膜炎、大肠杆菌二联灭活疫苗，对预防本病有一定效果。此外，在7日龄和20日龄采用噬菌体饮水对预防本病也有效果。

②治疗措施：很多抗生素对治疗本病均有效果，如头孢类药物、阿莫西林、氨苄西林钠、青霉素、氟苯尼考、甲砜霉素、酒石酸泰乐菌素、多西环素、盐酸林可霉素、硫酸庆大霉素、大观霉素及磺胺类药物等。在临床上长期使用1~2种抗生素易导致细菌耐药性产生，有条件的地方最好结合药敏试验筛选敏感的抗生素进行治疗。在用药过程中要注意各种药物配伍及休药期问题。此外，临床上采用噬菌体对本病也有一定治疗效果。若群体发病数量多、病情严重时，要采用肌内注射和口服药物相结合，才能达到理想的治疗效果。本病治好后一段时间，鸭群可能因气候转变、断喙、注射疫苗、换料或发生其他疾病时再度复发。所以生产实践中最好要采取综合的防控措施来减少本病的发生。

（二）鸭大肠杆菌病

本病是由致病性大肠杆菌引起的鸭全身性感染或局部感染的一种常见细菌性传染病，在临床上有脐炎型、败血症型、腹膜炎型等多种病症。

病原

大肠杆菌属于肠杆菌科埃希菌属。该菌为革兰阴性菌，大小为（2~3）微米 ×0.6微米，两端钝圆，散在或成对，多数菌株以周生鞭毛运动。在营养琼脂上生长24小时形成圆形凸起、光滑、湿润的灰白色菌落，在麦康凯琼脂上形成红色菌落。鸭源致病性大肠杆菌的血清型较多，常见的有O_{76}、O_{78}、O_{92}、O_{93}、O_{149}、O_{142}等，尤以O_{78}最常见。大肠杆菌对外界环境抵抗力属中等，对物理和化学因素较敏感，多数消毒药对大肠杆菌都有杀灭效果。

流行病学

鸭大肠杆菌病是一种条件性疾病，在卫生、防疫条件差的鸭场多发。各品种鸭均可发病，其中以番鸭较易感。各日龄段鸭均可发病，其中脐炎型常见于刚出壳的雏鸭，败血症型常见于2~7周龄阶段鸭，腹膜炎型常见于成年产蛋鸭和种鸭。本病一年四季均可发生，但在夏天及气候转变时较多见。本病在临床上多见于水质不好或饲养环境不好的鸭场，以及继发于某些病毒性疾病。常见的传播途径是经消化道。

临床症状

①脐炎型：刚出壳的雏鸭表现精神委顿，拉黄绿色大便，肚脐肿大，泄殖腔周围羽毛有粪便污染。

②败血症型：以2~7周龄阶段的鸭为主。表现精神沉郁，拉黄绿色大便，死亡速度快。

③腹膜炎型：以种鸭、产蛋鸭和大鸭为主。表现精神沉郁，喜卧，不愿走动，行走时腹部有明显下垂，脱肛病鸭数量明显增加，同时产蛋率不断下降，蛋壳质量也变差，并出现产薄壳蛋、畸形蛋、软壳蛋等现象。

病理变化

①脐炎型：腹腔内的卵黄吸收不良，并出现卵黄与肠系膜粘连现象。

②败血症型：肝脏肿大，颜色为暗红色（图3-5），严重时肝脏表面有白色纤维素性渗出物（图3-6）。心包膜增厚，心包内有干酪样渗出物；有时心包与心肌粘连。气囊混浊，严重时在腹腔内可见干酪样渗出物。小肠肿大，充血、出血明显。死亡后尸体易腐败发臭。

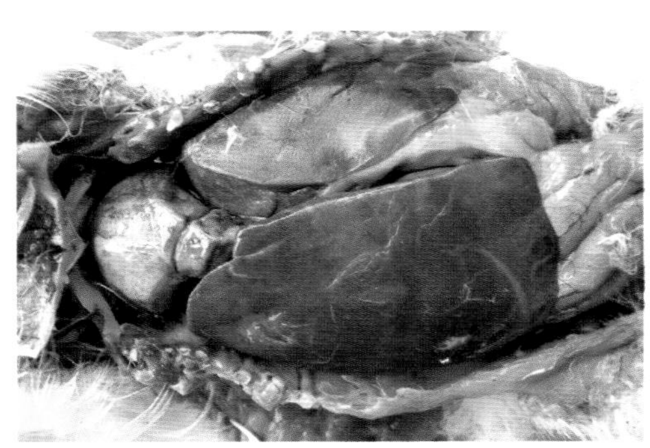

图3-5　肝脏肿大呈暗红色

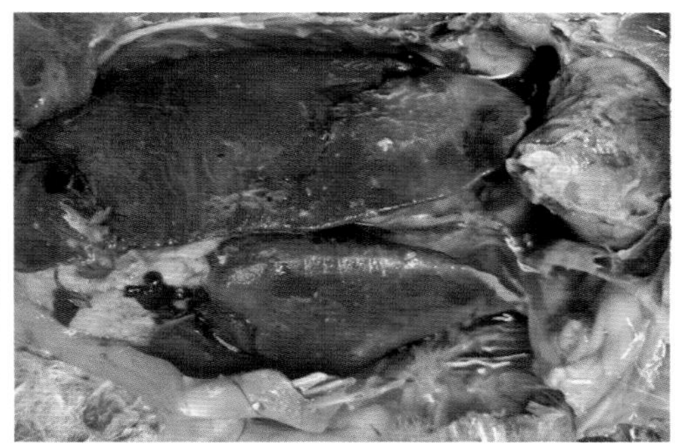

图3-6　肝脏表面有白色纤维素性渗出物

③腹膜炎型：腹膜炎严重（图3-7），卵巢上卵泡变性，输卵管黏膜充血、出血、水肿并有干酪样凝乳块沉积。有时在腹腔中会出现蛋黄碎片样或干酪样渗出物。

诊断

根据流行病学、临床症状、病理变化可做出初步诊断。必要时进行细菌的镜检和分离及聚合酶链反应试验鉴定。大肠杆菌为革兰阴性菌，两端钝圆且粗大（图 3-8）。在临床上要与鸭传染性浆膜炎、番鸭呼肠孤病毒病、鸭高致病性禽流感等进行鉴别诊断。

图 3-7　腹腔出现蛋黄碎片样渗出物

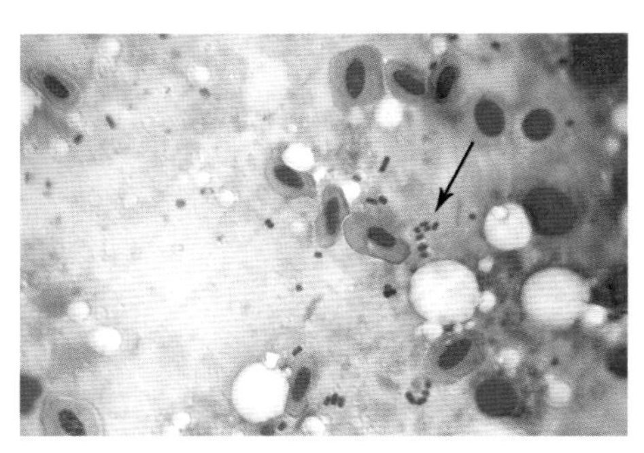

图 3-8　大肠杆菌形态

防治措施

①预防措施：首先要加强饲养管理，做好鸭舍的环境卫生，及时清理鸭舍内的粪便并勤换垫料，保持鸭舍干燥，定期消毒。放养的水池要保持水质流动、清洁。种鸭人工授精时，要注意器具的消毒和无菌操作。种蛋要及时收集，必要时要进行熏蒸或消毒。其次，对本病污染较严重的鸭场，可接种大肠杆菌灭活疫苗进行预防。但由于大肠杆菌的血清型众多，在生产实践中可考虑使用本场大肠杆菌自家组织灭活疫苗或多价灭活疫苗进行免疫接种。

②治疗措施：治疗大肠杆菌病的药物很多，其中以氟苯尼考、甲砜霉素、头孢类、磺胺类、硫酸黏菌素、硫酸新霉素、喹诺酮类、硫酸新霉素、乙酰甲喹、硫酸安普霉素等药物对大肠杆菌病有较好疗效。在生产实践中可以选用几种药物交替使用或配合使用，有条件的地方要结合药敏试验筛选敏感药物进行治疗，以提高治疗效果，并要注意药物的配伍禁忌及休药期。

（三）鸭沙门菌病

本病又称鸭副伤寒，是由沙门菌引起的一种鸭急性或慢性传染病。

病原

沙门菌属于肠杆菌科沙门菌属。该菌为革兰阴性菌，大小为（0.7~1.5）微米 ×

（2.0~5.0）微米，有周身鞭毛，能运动，在普通营养琼脂上即可生长，菌落为圆形、光滑、半透明。沙门菌的血清型众多，从鸭体、鸭产品及鸭舍环境中分离出的血清型有 40 多种，其中以鼠伤寒沙门菌、波茨坦沙门菌、圣保罗沙门菌分离率最高。

流行病学

所有鸭均可感染，1~3 周龄的雏鸭比较易感，且会出现大批发病死亡，而成年鸭多为隐性带菌者。本病可通过饮水、饲料、用具及垫料等污染后进行水平传播，也可由种鸭经种蛋进行垂直传播。鸭场的卫生条件差和饲养管理不良会增加本病的发病率和死亡率。

临床症状

精神沉郁，食欲减退，饮水增加，拉稀，肛门口周围羽毛沾有粪便。有些病鸭会出现脑神经症状，如倒地、头后仰或间歇性痉挛，病程 2~5 天。发病率和死亡率都很高，严重时死亡率可达 80%。在中大鸭发病时往往会出现食欲减退或废绝、拉稀等临床症状，发病率和死亡率可高达 30%~50%。

病理变化

主要集中在肝脏和肠道。肝脏肿大、边缘钝圆，肝脏表面色泽不均匀，有时带古铜色，其表面及实质中有大小不等的灰白色坏死灶（图 3–9）。肠道黏膜水肿、局部充血，有时可见肠壁上有大面积坏死或灰白色小坏死点（图 3–10）。剪开肠道，可见肠黏膜坏死，并形成糠麸样病理变化（图 3–11）。少数盲肠肿大，

图 3–9　肝脏表面白色坏死点

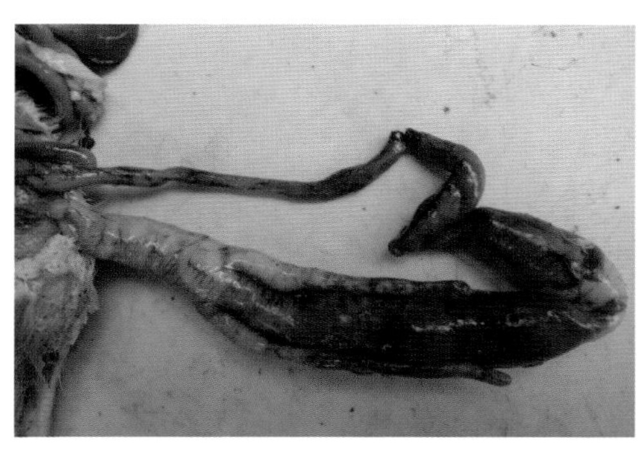

图 3–10　肠壁大面积坏死

图 3–11　肠黏膜呈糠麸样坏死

内有干酪样物质形成质地较硬的栓子。肾脏肿大，有尿酸盐沉积。气囊混浊，有时可见到卵黄吸收不良。

诊断

根据流行病学、临床症状和病理变化可做出初步诊断，其中肝脏病变和肠道病变具有特征性。必要时进行细菌的分离和聚合酶链反应试验鉴定。此外，在临床上本病还需与禽巴氏杆菌病、番鸭呼肠孤病毒病、鸭坏死性肠炎及鸭盲肠杯叶吸虫病等进行鉴别诊断。

防治措施

①预防措施：首先要做好种鸭的饲养管理，及时收集种蛋和清除鸭蛋表面的各种污物，并作好种蛋的熏蒸消毒。对本病感染率较高的种鸭要及时淘汰。其次要加强雏鸭的饲养管理和环境卫生，防止因场地或器具污染造成本病的发生。在生产实践中采取的综合性预防措施包括：种蛋和器械的有效消毒；雏鸭和成鸭分开饲养；搞好鸭舍卫生，保持场地干燥等。

②治疗措施：鸭场一旦发生鸭沙门菌病，要及时选用喹诺酮类药物（如盐酸环丙沙星、盐酸恩诺沙星）或头孢类、磺胺类、硫酸庆大霉素、氟苯尼考、甲砜霉素等药物治疗。必要时可进行药敏试验，筛选出敏感药物进行治疗，以达到最佳的治疗效果。

（四）鸭巴氏杆菌病

本病是由禽多杀性巴氏杆菌引起的一种鸭（鸡等其他禽类也会感染）急性败血性传染病，又称鸭霍乱或鸭出败。

病原

禽多杀性巴氏杆菌属于巴氏杆菌科巴氏杆菌属。该菌为革兰阴性菌，无鞭毛，无芽孢，单个或成双存在，大小为（0.3~0.4）微米 ×（1.0~2.0）微米，在感染组织的菌体经姬姆萨染色或瑞氏染色可见明显的两极浓染(图3-12)，有的可见荚膜结构。细菌在

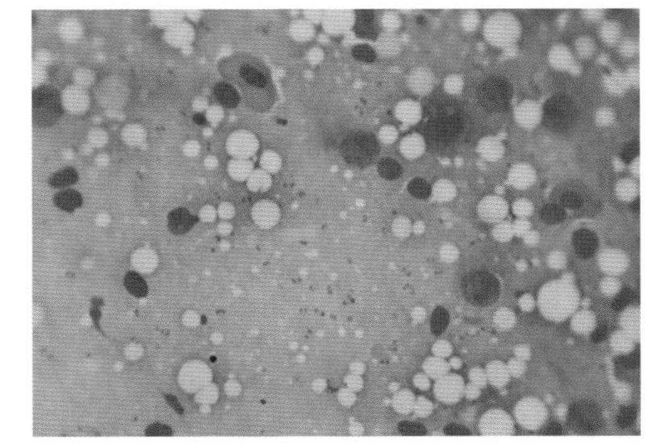
图 3-12　细菌两极浓染

巧克力琼脂或血液琼脂中生长良好，菌落表面光滑、边缘整齐。根据基因组同源性可将细菌分为多杀亚种、杀鸡亚种和败血亚种 3 个亚种，同时不同地方分离株有明显的遗传多样性。细菌的毒力与菌株、宿主生理状态及环境条件等因素密切相关。细菌易被普通消毒剂、阳光、干燥及热灭活，但在污染、潮湿的场所中会存活较长时间。

流行病学

各品种鸭均易感，其他禽类（如鸡）也易感。在临床上发病日龄以大中鸭较为多见，而 20 日龄以内的雏鸭较少感染。一年四季均可发生，但以夏秋季节多发。此外，气候骤变、淋雨、打针应激及长途运输往往会诱发本病。本病的传播以接触传播为主，特别是经江河流水可形成地方流行性。此外，本病易形成疫源地，易反复发作，不易根治。

临床症状

①最急性型：鸭群无明显临床症状，吃料也正常，在鸭舍内或水池边突然发现病死鸭。

②急性型：病鸭体温升高，吃料基本正常或略减少，口鼻有较多分泌物，拉黄绿色或灰白色粪便，有时带血便。死亡速度快，死后倒提死鸭，可见从嘴中流出粉红色血水，发病率和死亡率可高达 50%~80%。用药后可短暂地控制病情，几天后又易发作。产蛋鸭的产蛋率基本正常。

③慢性型：此型较少见，常表现慢性关节炎症状。

病理变化

①最急性型：往往无明显的剖检病变，有时仅仅见到肠炎和心冠脂肪出血病变。

②急性型：皮下组织有小出血点，心肌和心冠脂肪有出血斑或出血点（图 3-13）。肝脏肿大，质地变脆，表面有许多分布较均匀、大小如针尖的灰白色坏死点（图 3-14）。肺脏充血、出血。脾脏肿大，有白色坏死点，

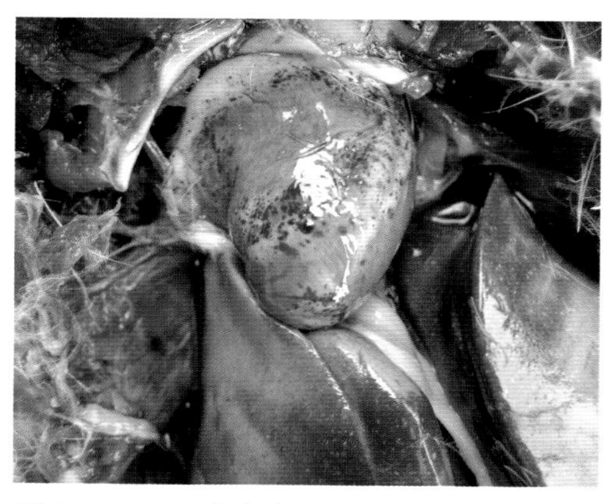

图 3-13　心脏出血

十二指肠肿大出血（图 3-15），切开肠管可见内容物黏稠呈糊状或胶冻样，肠黏膜出血严重，其他肠管及肠系膜也有出血病变，有时在腹下脂肪也可见到出血点。

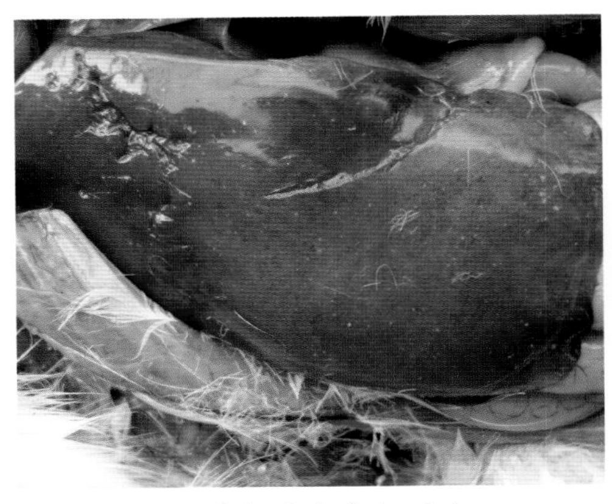

图 3-14　肝脏表面白色坏死点

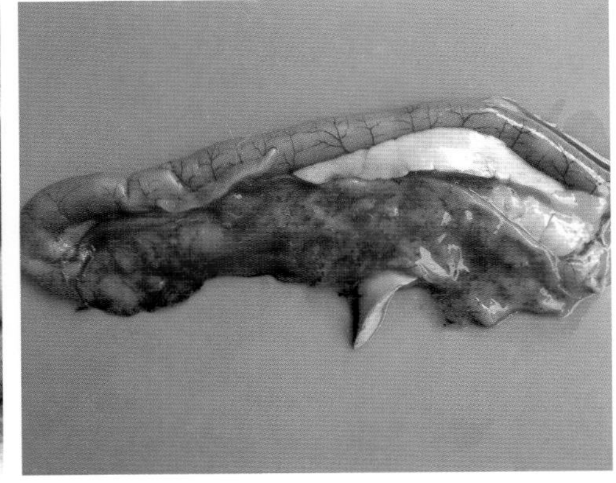

图 3-15　十二指肠肿大、出血

③慢性型：关节肿大，关节内含粉红色炎性分泌物和干酪样物质。

诊断

根据本病的流行病学、临床症状、病理变化基本上可做出初步诊断。其中死亡快、心肌和心冠脂肪出血、肝脏表面有白色坏死点，以及肠道肿大、出血具有特征性。此外，可以取病死鸭的肝脏进行细菌镜检和细菌分离培养进一步确诊。巴氏杆菌经染色后为两极浓染的革兰阴性菌，有荚膜（图 3-16）。在临床上本病还需与鸭瘟、鸭沙门菌病、番鸭呼肠孤病毒病等进行鉴别诊断。

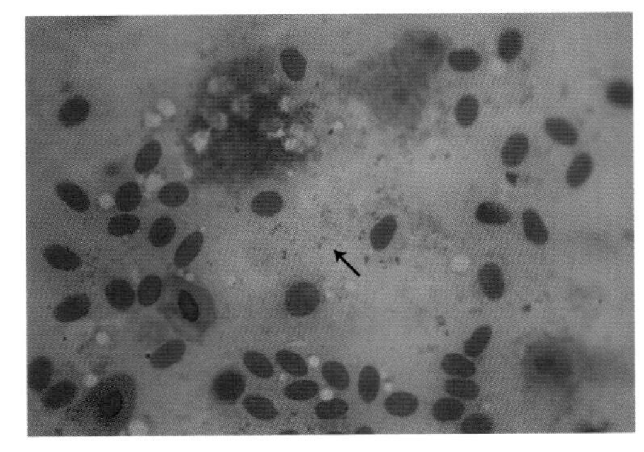

图 3-16　巴氏杆菌形态

防治

①预防措施：第一，疫苗接种。由于本病的疫苗存在着免疫源性差、应激反应大及免疫期短（2~3 个月）等缺点，使得本病的疫苗在生产实践中免疫接种率比较低。对于有发生过本病的鸭场，建议要尽可能使用本病的疫苗（活疫苗或灭

活疫苗）接种，这对降低本病的发病率有一定效果。第二，加强饲养管理。平时要做好场所的消毒工作，鸭场内不要混养其他禽类，遇到天气转变（变冷、变热）或遇到淋雨、长途运输时，及时添加多种维生素可提高抗病力。第三，药物预防。在饲养过程中遇到不良应激时可定期地添加大蒜素或盐酸环丙沙星等广谱抗生素进行预防。

②治疗措施：对于最急性型和急性病例要及时选用广谱抗生素进行肌内注射（如每只成年鸭要肌注青霉素和硫酸链霉素各 5 万 ~10 万单位），1 天 1~2 针，同时选用：喹诺酮类、氟苯尼考、甲氧苄啶、磺胺对甲氧嘧啶钠、硫酸黏菌素、土霉素或阿莫西林等药物中的 1 种进行饮水或拌料诊疗，连用 3~5 天。由于本病易复发，停药后 2~3 天需再重复用药 2~3 个疗程。对有条件的地方，可进行细菌的药敏试验，筛选出敏感药物进行治疗，以达到提高治愈率的目的。对病死鸭要集中进行无害化处理，不能随便乱丢弃，以免造成本病的不断扩散。在江河流域还可能形成地方流行性。凡是发生过本病的鸭场，多数都会形成本病的疫源地，治愈的病鸭还会因气候条件或饲养管理条件改变而重新发病。所以平时要加强场所的清洁、消毒工作，定期采用敏感药物进行预防。

（五）鸭葡萄球菌病

本病是由致病性金黄色葡萄球菌引起的一种鸭急性或慢性条件性传染病，在临床上有多种病型，急性的呈现败血症，慢性的表现关节炎、脑炎、趾瘤、眼炎等症状。

病原

金黄色葡萄球菌属于微球菌科葡萄球菌属。该菌呈圆形或卵圆形，直径 0.7~1 微米，不形成芽孢，无鞭毛，一般不形成荚膜，革兰染色阳性，显微镜下多呈堆状或葡萄串状排列，也有呈双球或短链排列。在一般培养基上形成有光泽、圆形凸起的厚菌落，在血平板上呈 β 溶血。细菌在外界抵抗力强，在干燥的脓汁或血液中可存活 2~3 个月，对碱性染料（如甲紫）敏感。

流行病学

金黄色葡萄球菌在外界环境中普遍存在。发病鸭、健康带菌鸭及污染环境都是本病的传染源。北京鸭、樱桃谷鸭、番鸭、半番鸭母本及笼养麻鸭等品种（系）

鸭对金黄色葡萄球菌均易感，各种日龄鸭均易感。伤口（皮肤、黏膜）感染是该病传播的主要途径。环境污染严重的种蛋和孵化器，也会导致雏鸭出现脐部感染，产生脐炎。

临床症状

在临床上，鸭葡萄球菌病有多种症状，主要分为急性败血型和慢性型。

①急性败血症型：病鸭精神不振，食欲废绝，两翅下垂，嗜睡，羽毛松乱，下痢，排出灰白色或黄绿色稀粪。胸腹部及大腿内侧皮肤皮下水肿，并有血样液体渗出。伤口破溃后，流出的粉红色液体会玷污周围羽毛。患病雏鸭表现脐孔肿大发炎，呈黑紫色，病程长的形成“大肚脐”，严重的会导致死亡。

②慢性型：病鸭表现跛行或跳跃式行走，单侧跗关节或趾关节肿大（图 3-17、图 3-18），早期有热痛感，后期变硬，有些脚垫炎症增生（图 3-19、图 3-20），病程持续几个月。有些病鸭眼分泌物增多，眼结膜红肿。

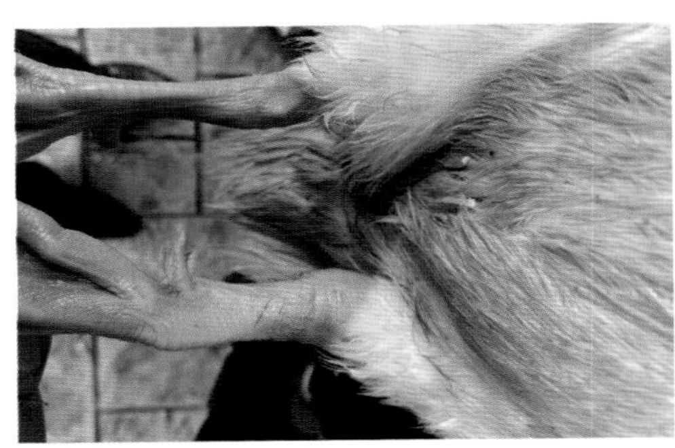

图 3-17　跗关节肿大

图 3-18　脚趾关节肿大

图 3-19　脚垫、趾关节炎症增生

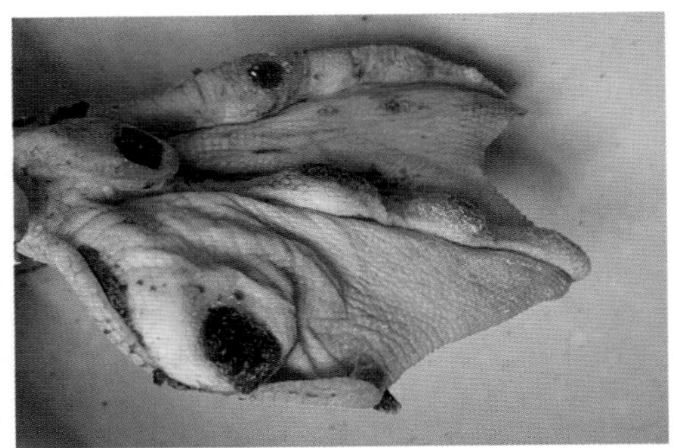

图 3-20　脚垫、趾关节炎症增生

病理变化

①急性败血症型：剖检可见全身肌肉出血，皮下水肿充血、溶血呈黑紫色。肝脏肿大，有些可见一些白色坏死点。脾脏肿大，表面有白色坏死点。心包积液，偶见心肌出血。雏鸭脐部肿大，呈紫黑色，切开可见积液或肉芽组织增生。

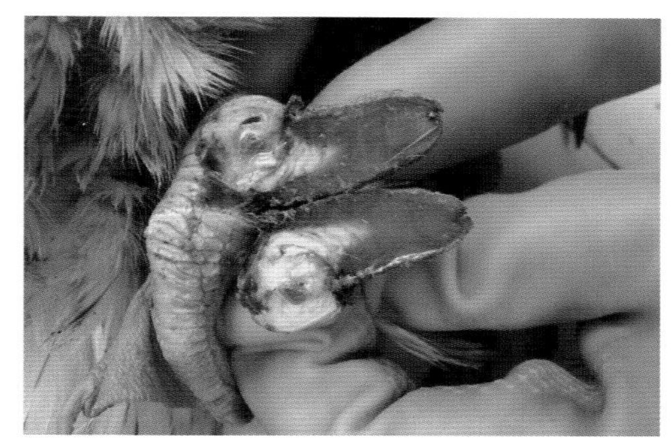

图 3-21　肉芽组织增生

②慢性型：病变关节肿大，切开可见关节腔内有白色或淡黄色干酪样物，病程长的可见肉芽组织增生形成肉赘（图 3-21），也会导致关节变形。

诊断

根据本病的流行病学、临床症状、病理变化可做出初步诊断。确诊需对局部或内脏组织进行细菌分离鉴定，检出葡萄球菌即可诊断（图 3-22）。在临床上需与鸭痛风进行鉴别诊断。

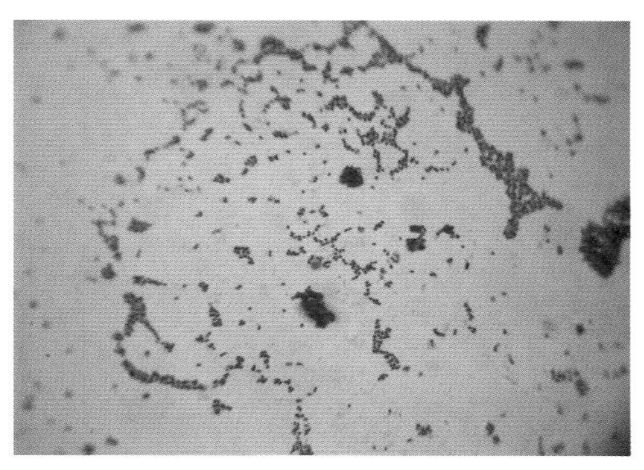

图 3-22　葡萄球菌形态

防治措施

①预防措施：鸭葡萄球菌是一种条件性疾病。生产上一方面要避免和减少鸭只外伤的发生。如雏鸭网床结构要合理，防止铁丝或刺头扎伤鸭皮肤；种鸭的运动场要平稳，防止鸭掌磨损或刺伤而感染；笼养蛋鸭要防止鸭脚趾被漏缝夹伤。另一方面要加强环境消毒和干燥工作，减少环境中葡萄球菌的含量。要加强饲养管理，保证鸭必需的营养物质，提高鸭体质和抵抗力。

②治疗措施：发病早期采用青霉素、阿莫西林、四环素、盐酸林可霉素、盐酸大观霉素等抗生素进行治疗有一定效果，同时对病鸭采取隔离治疗，每天肌注硫酸庆大霉素或头孢噻呋钠，连用 3~5 天。发病中后期，治疗效果不理想，以淘汰为主。

（六）鸭坏死性肠炎

本病又称“烂肠病”，是由魏氏梭菌引起的以出现肠黏膜坏死为特征的一种种鸭或肉鸭传染病。

病原

魏氏梭菌属于芽孢杆菌科梭菌属。该菌为两端钝圆的粗大杆菌，革兰阳性，大小为（1.1~1.5）微米 ×（2.0~6.0）微米，单在或成双排列，无鞭毛，在动物体内形成荚膜，能产生与菌体直径相同的卵圆形芽孢，位于菌体中央或近端。该菌为严格厌氧菌，在血液琼脂上37℃厌氧培养可形成圆形、光滑隆起的大菌落，呈内环完全溶血、外环不完全溶血的双重溶血现象。一般消毒药均易杀死此菌繁殖体，但芽孢抵抗力较强。

流行病学

本病主要发生在圈养种鸭和肉鸭，特别是饲喂高能量、低纤维饲料的圈养种鸭（如番鸭、北京鸭）更易发生。高能量、低纤维的日粮配方会使鸭胃肠内容物消化排空比较缓慢，使魏氏梭菌异常繁殖造成肠炎，严重时导致肠壁坏死。本病一年四季均可发生，以冬秋为高发季节。

临床症状

病鸭精神沉郁，不爱走动，食欲减少，拉黄白色或黄绿色稀粪，死亡速度快。发病率和死亡率随不同饲养管理条件及不同的应激环境而异。一般来说死亡率较低，但病程持续时间很长。在种鸭对产蛋率、受精率影响不大，在肉鸭可能对生长性能有所影响。

病理变化

本病的主要病理变化在肠道。十二指肠肿大、黏膜出血。空肠、回肠肿胀（图3-23），外观为淡红色，严重时为灰黑色（图3-24），切开肠壁可见卡他性肠炎或出血性肠炎（图3-25），内容物为粉红色糊状物（图3-26）。在空肠、回肠及盲肠上覆盖一层黄色糠麸状的纤维素性渗出物，肠壁坏死（图3-27）。

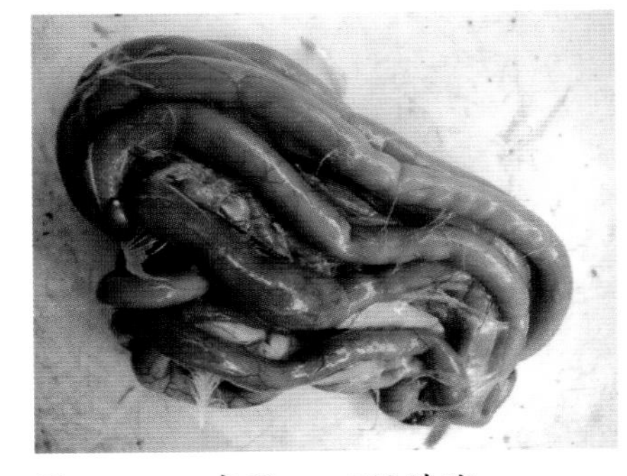

图 3-23　空肠、回肠肿胀

图 3-24　小肠呈灰黑色

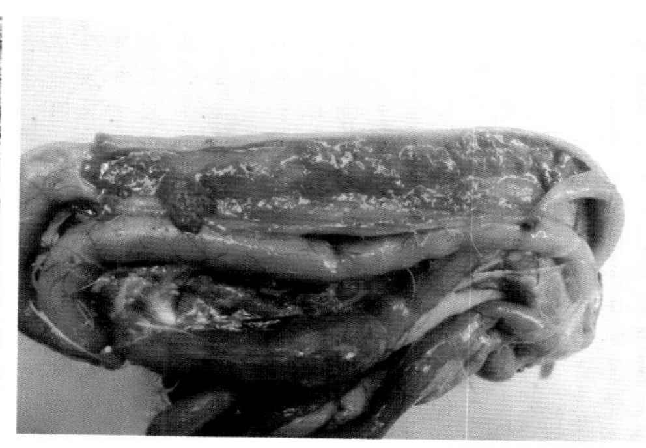
图 3-25　出血性肠炎

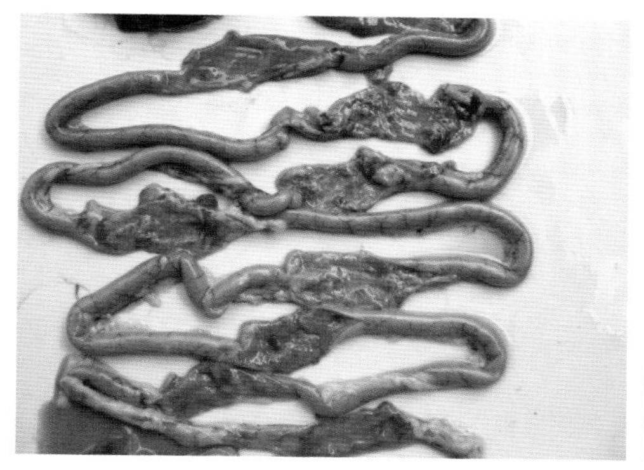
图 3-26　内容物为粉红色糊状物

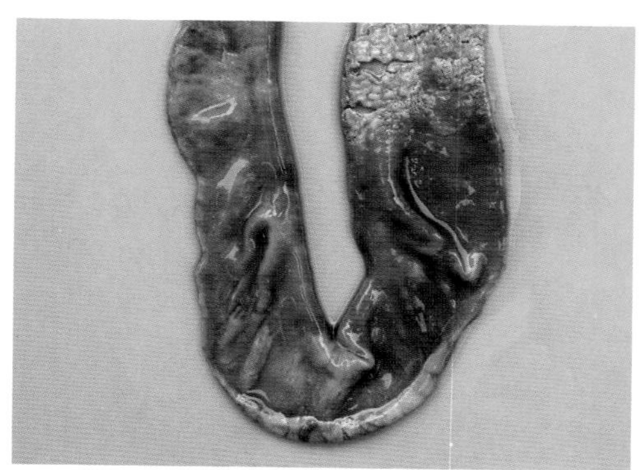
图 3-27　肠壁坏死

诊断

根据临床症状、病理变化基本可做出初步诊断，其中肠壁上出现糠麸状渗出物和肠壁坏死为特征性病变。取病变组织进行涂片、染色、镜检，检出带芽孢的魏氏梭菌即可诊断。此外，还可以采集病料进行聚合酶链反应试验进行诊断。

防治措施

①预防措施：加强饲养管理，搞好环境卫生。在饲料配方上要增加粗纤维含量，减少玉米等精料含量，可适当多喂些青绿饲料以降低本病的发病率。饲喂肠道微生态制剂对本病也有一定的预防作用。

②治疗措施：选用硫酸新霉素、硫酸黏菌素、磺胺间甲氧嘧啶钠、盐酸环丙沙星、阿莫西林、硫酸庆大霉素等药物进行治疗。此外，对严重的病鸭可肌内注射氟苯尼考注射液（按每千克体重 30 毫克），每天 1 针，连打 2~3 针。病鸭治愈后要加强饲养管理，降低饲料能量，提高粗纤维含量，否则一段时间后还会复发。

四、鸭真菌性及支原体性疾病诊治

（一）鸭曲霉菌病

本病是由曲霉菌引起的一种鸭急性或慢性呼吸道传染病，临床上以张口呼吸、咳嗽为主要症状。本病在雏鸭多发，往往呈急性暴发；在成年鸭多为散发，呈慢性经过。

病原

曲霉菌属于丛梗孢科曲霉菌属。该菌由菌丝和孢子组成，在气生菌丝一端膨大形成顶囊，上有放射状排列小梗，并分别产生许多分生孢子，形如葵花状。该菌为需氧菌，在马铃薯葡萄糖琼脂或其他糖类培养基上均可生长，初期形成白色绒毛状菌落，24~30 小时后开始形成孢子，菌落呈面粉状、淡灰色或深绿色，甚至黑绿色。曲霉菌的孢子抵抗力很强，需煮沸 5 分钟才能杀灭。

流行病学

易感动物有鸭、鸡、鹅等禽类，多发生在 4~20 日龄。随着日龄增加，鸭对本病的抵抗力也逐渐增强，成年鸭（特别是放牧的蛋鸭或肉鸭）也会零星发生。本病的传播途径为呼吸道和消化道，即鸭接触到被曲霉菌污染的垫料、饲料及野外杂物而被感染。在育雏阶段，由于育雏室的空间密闭、环境湿热等原因最容易发生本病。

临床症状

在雏鸭往往呈急性经过，主要表现精神沉郁，吃料减少，并出现呼吸困难、张口呼吸（图 4-1），有啰音、咳嗽等类似感冒临床症状，后期拉黄色稀粪，最后闭目昏睡、窒息而死亡。发病率可达 100%，死亡率可高达 50% 以上。在成年鸭往往呈慢性经过，死亡率较低，主要表现生长缓慢、不愿走动，并有张口呼吸、吃料减少等临床症状，最后衰竭而死亡。产蛋鸭则还表现产蛋率减少症状。

病理变化

在雏鸭主要表现肺脏组织不同程度散布有粟粒大小的黄白色结节（图4-2至图4-4）。结节柔软而有弹性，切开后可见中心为干酪样坏死组织，有时在肺脏、气囊也可见灰白色结节或霉菌斑（图4-5）。在成年鸭主要表现胸腔、肺部及腹腔气囊上有大小不等的霉菌斑（图4-6），严重时还可见到霉菌丝，有些病例会出现肝脏硬化和坏死点（图4-7）。

图4-1　张口呼吸

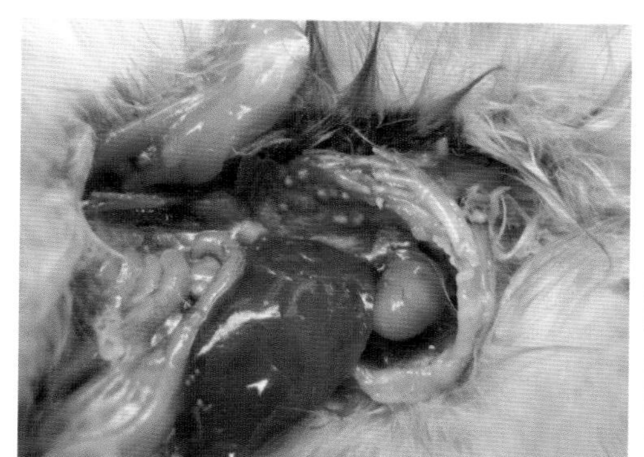

图4-2　肺脏有少量黄白色结节

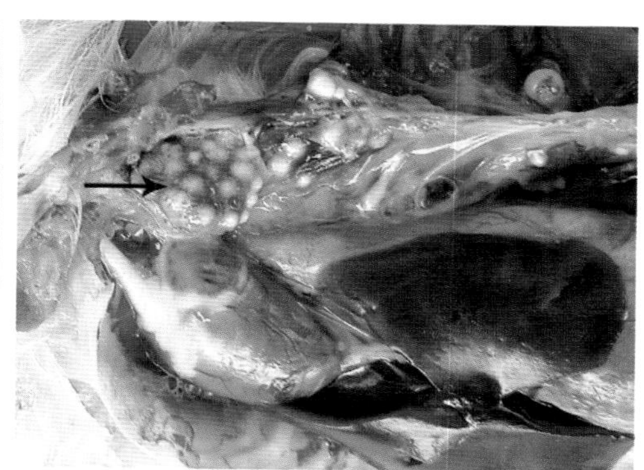

图4-3　肺脏有大量黄白色结节

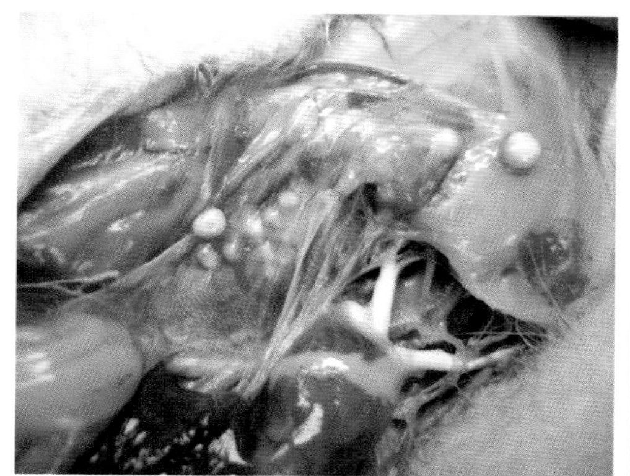

图4-4　肺脏有黄豆大小的黄白色结节

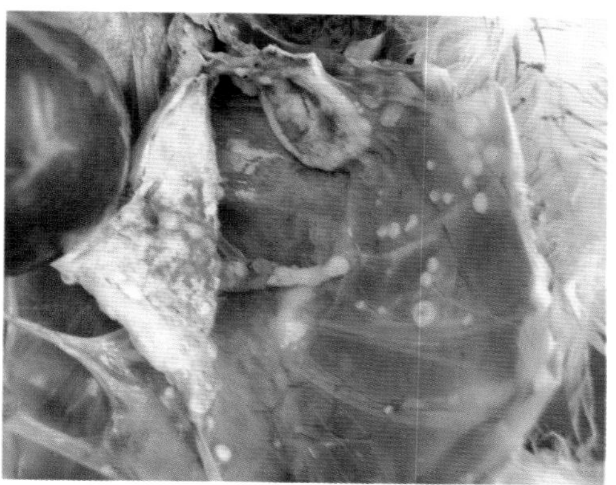

图4-5　气囊出现霉菌斑

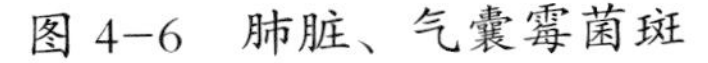

图 4-6　肺脏、气囊霉菌斑

图 4-7　肝脏肿大、硬化

诊断

根据本病的流行病学、临床症状、病理变化可做出初步诊断。在临床上，需注意与番鸭细小病毒病、鸭感冒进行鉴别诊断。必要时取病灶放在载玻片上，滴加 1~2 滴 10% 氢氧化钾溶液，待组织溶解后压片镜检，见到菌丝及孢子即可确诊。也可取病料经处理后接种真菌培养基，7~14 天后培养基上长出白色或灰绿色菌落，经镜检确诊（图 4-8、图 4-9）。

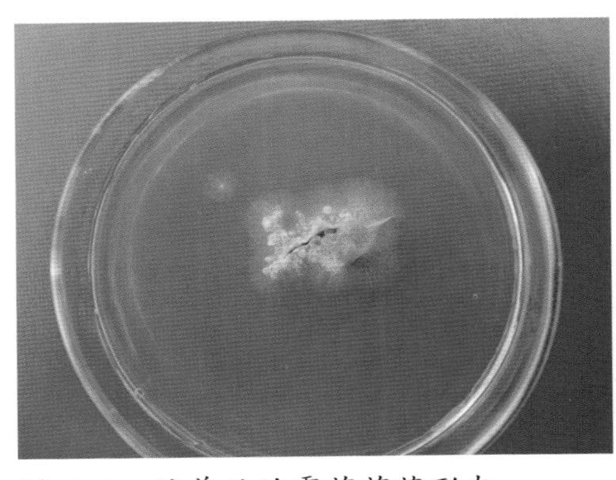

图 4-8　培养后的霉菌菌落形态

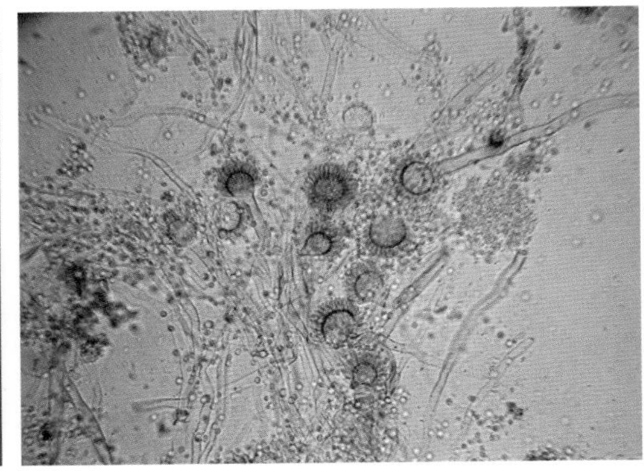

图 4-9　霉菌孢子囊及孢子形态

防治措施

①预防措施：平时要加强饲养管理，不使用发霉的垫料、饲料，加强育雏室的通风工作，遇到垫料潮湿时要及时更换。在野外放牧过程中，要避免鸭群到发霉的稻草堆觅食，也不要喂以劣质的稻谷、小麦、玉米等饲料。

②治疗措施：要立即清除污染源，同时喂以制霉菌素（每千克饲料中加制霉菌素 150 万单位，连用 3~5 天）或克霉唑（按每千克饲料添加 0.5 克）或硫酸铜溶液（每升水添加 0.3 克，连用 3~5 天）有一定效果。对严重病例治疗效果很差。

（二）鸭白色念珠菌病

鸭白色念珠菌病是由白色念珠菌引起的一种鸭消化道真菌病，又称鹅口疮。主要特征是在鸭口腔、咽喉、食道膨大部等消化道黏膜上形成乳白色假膜并导致黏膜发炎。

病原

白色念珠菌属于隐球酵母科念珠菌属。菌体为圆形或椭圆形，营芽生方式繁殖，椭圆形芽生孢子的芽管延长形成假菌丝，在菌丝上生成芽生孢子，不产生子囊孢子。在培养基上生长出白色或乳白色酵母菌落。念珠菌广泛存在于外界环境，对消毒药有很强的抵抗力。

流行病学

本病可发生于鸭、鹅、鸡、火鸡、鸽等禽类，以幼禽多发，成年禽也可发生。该病多发生在夏秋炎热季节。病禽及带菌禽是主要传染源，经受污染的饮料或饮水由消化道传染。病菌也可能存在健康鸭的消化道中，当滥用抗菌药物或长期使用抗菌药物破坏了鸭体内微生物区系平衡，或饲养管理不良时易诱发本病的发生。

临床症状

病鸭初期偶见气喘。随着病情的发展，出现呼吸急促，张口伸颈，有时发出咕噜声，叫声嘶哑。此时病鸭还表现精神委顿，不愿行走，离群独处。严重时由于吞咽困难导致病鸭食欲减少或不愿采食，并有流泪、流鼻涕、粪便稀薄带白色等症状。最后病鸭生长受阻，并出现消瘦衰竭死亡。

病理变化

剖检可见机体消瘦，咽喉、食道等上消化道黏膜附着白色伪膜或白色点状干酪样物（图 4-10），剥离伪膜可见黏膜有大小不等的溃疡灶及一些不规则出血点。嗉囊皱褶变粗，表面有灰白色伪膜及一些黏稠渗出物（图 4-11）。胸腹部气囊混浊，并有一些白色结节。腺胃黏膜糜烂，肌胃角质层易剥落，小肠肿大明显。

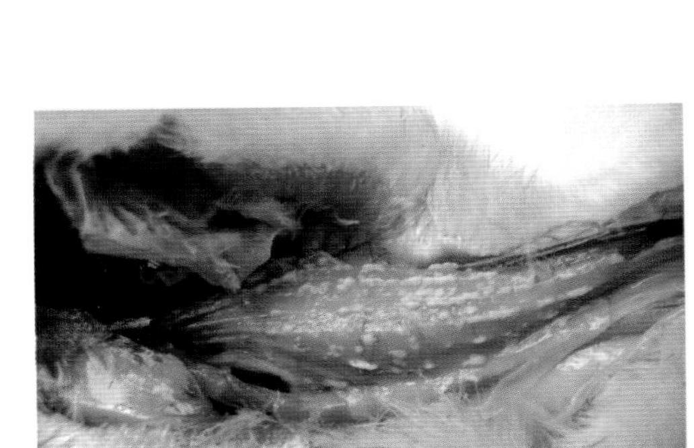
图 4-10　食道表面附着白色点状干酪样物

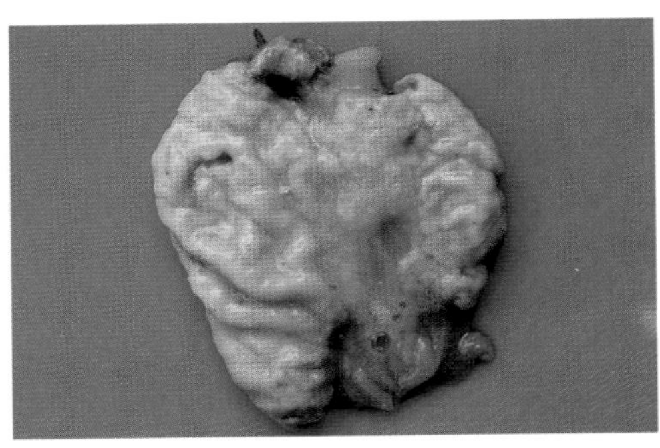
图 4-11　嗉囊黏膜增厚，表面有一层黄白色坏死病变

诊断

根据临床症状和病理变化可做出初步诊断。必要时取病死鸭上消化道病料置于载玻片上，压碎后加入 10% 氢氧化钾溶液数滴，待组织溶解后再压片镜检，若检出菌丝及孢子即可确诊（图 4-12）。此外，可取病料用沙堡弱葡萄糖琼脂进行培养或聚合酶链反应试验进行诊断。

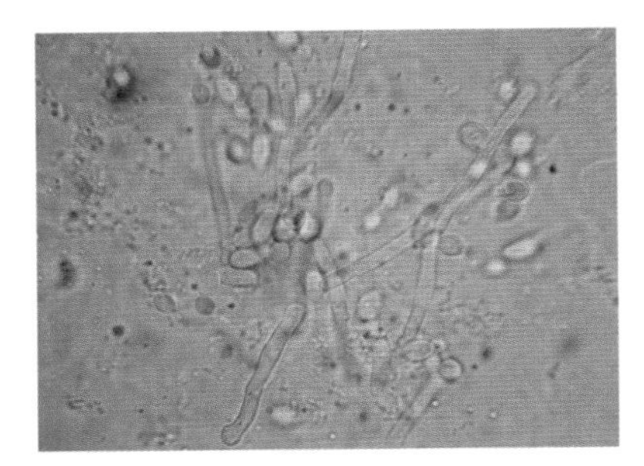
图 4-12　念珠菌形态

防治措施

①预防措施：要改善鸭场的饲养卫生条件，避免长期不间断地使用广谱抗菌药物，消除一切不良应激，降低鸭群饲养密度。

②治疗措施：可选用如下方案进行治疗。第一，按每升水添加 0.3~0.5 克硫酸铜进行自由饮水，连用 3~5 天。第二，每千克饲料中添加制霉菌素 50~100 毫克，连用 2~3 周。第三，每千克饲料中添加克霉唑 300~500 毫克，连用 2~3 周。

（三）鸭传染性窦炎

本病是由鸭支原体引起的一种鸭慢性呼吸道传染病，又称鸭支原体病，主要表现打喷嚏、鼻窦炎，死亡率较低。

病原

鸭支原体属于支原体科支原体属。该病原没有细胞壁，形态有多形性，常见的有球状、棒状、丝状等，无鞭毛，不能运动，革兰染色呈阴性，直径0.2~0.5微米。培养的菌落表面光滑、呈圆形、边缘整齐，中央有颜色较深且致密的乳突。鸭支原伴对外界环境的抵抗力不强，离体后易失去活力，一般消毒药均能将其杀灭。

流行病学

临床上多见于鸭和鹅。以20~50日龄的雏禽多见，有些大鸭也会发生。一年四季均可发生。鸭群饲养管理不良、营养缺乏、环境气温骤变、鸭舍通风不良、饲养密度过大等因素均可诱发本病。本病的传播以接触传播为主，也可通过空气传播和种蛋垂直传播。

临床症状

病鸭精神沉郁，张口伸颈呼吸，打喷嚏，鼻孔流出浆液性分泌物，一段时间后流出黏性或脓性分泌物，并在鼻孔周围结痂。眼结膜潮红、增生、流泪（图4-13、图4-14）。严重时可见一侧或两侧眶下窦积液、肿胀并呈球状突出颜面皮肤（图4-15、图4-16）。本病的发病率和死亡率都不高，多数会破溃后自愈。

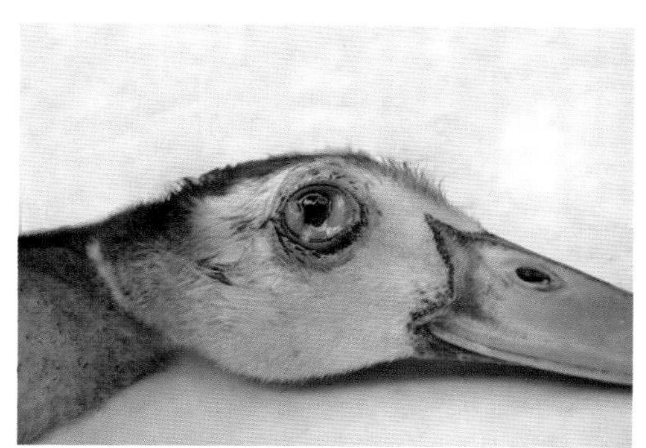

图4-13　眼结膜潮红、少量增生

图4-14　眼结膜潮红、增生

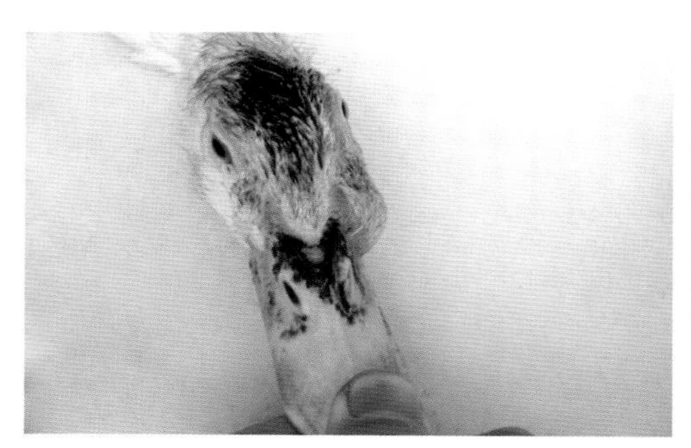

图4-15　一侧或两侧鼻窦肿大

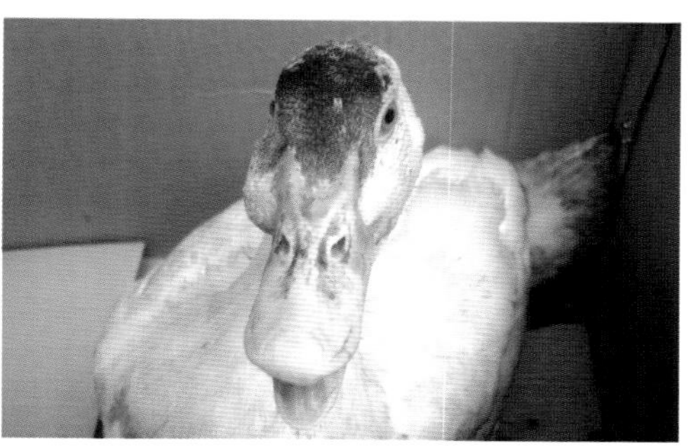

图4-16　一侧眶下窦肿胀突出皮肤

病理变化

眼结膜炎，眶下窦有浆液性、黏液性或干酪样分泌物（图 4–17、图 4–18），眶下窦黏膜出现水肿、淤血。肺脏有不同程度的充血、淤血。气囊发炎、混浊。有时出现心包炎症并有黄色分泌物附着。

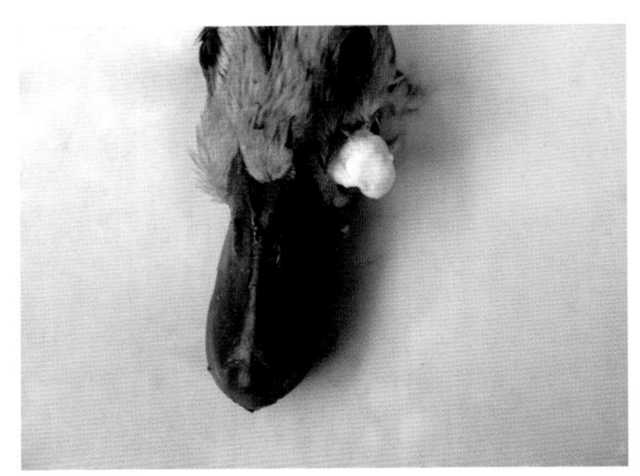

图 4–17　眶下窦积有干酪样分泌物

图 4–18　眶下窦积有大量干酪样分泌物

诊断

根据本病的特征性症状（一侧或两侧眶下窦肿胀）即可做出初步诊断。在临床上，本病需与鸭感冒、鸭瘟、鸭台湾鸟龙线虫病、鸭大肠杆菌病进行鉴别诊断。必要时进行支原体病原分离、鉴定，以及采用聚合酶链反应试验进行病原鉴定。此外，还可以抽血做平板凝集试验进行诊断。

防治措施

①预防措施：加强饲养管理，加强鸭舍的卫生清洗和消毒，实行“全进全出”的饲养模式，及时隔离病鸭进行治疗。

②治疗措施：对病鸭群可选用下列药物进行治疗，如盐酸四环素、土霉素、多西环素、盐酸林可霉素、盐酸大观霉素、硫酸新霉素、红霉素、酒石酸泰乐菌素、盐酸环丙沙星、恩诺沙星等。对个别病鸭可选用酒石酸泰乐菌素、盐酸林可霉素、盐酸大观霉素、恩诺沙星、硫酸卡那霉素、头孢类等药物肌内注射，具有一定治疗效果。

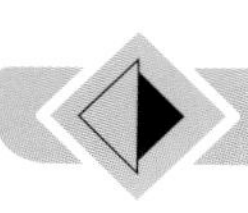

五、鸭寄生虫病诊治

（一）鸭球虫病

鸭球虫病是由艾美耳科中的泰泽属、温扬属、等孢属及艾美耳属中的多种球虫寄生于鸭肠道中的一类原虫病。

病原

鸭球虫属于艾美耳科中的 4 个属，即泰泽属、温扬属、等孢属和艾美耳属。目前全世界已记载的鸭球虫有 22 种，其中常见的有毁灭泰泽球虫、菲莱温扬球虫、裴氏温扬球虫、鸳鸯等孢球虫、巴氏艾美耳球虫等。不同种类鸭球虫，形态结构及寄生部位有所不同。毁灭泰泽球虫的卵囊呈卵圆形（图 5–1），大小为（9.2~13.2）微米 ×（7.2~9.9）微米，卵囊内无极粒，有 2 个大的卵黄残体，不形成孢子囊，成熟的孢子化卵囊中含 8 个子孢子（图 5–2）。菲莱温扬球虫的卵囊呈卵圆形（图 5–3），大小为（13.3~22）微米 ×（10~12）微米，有卵膜孔，有 1~3 个极粒，成熟的孢子化卵囊含 4 个孢子囊（图 5–4），每个孢子囊含 4 个子孢子，有斯氏体及孢子囊残体。裴氏温扬球虫卵囊呈卵

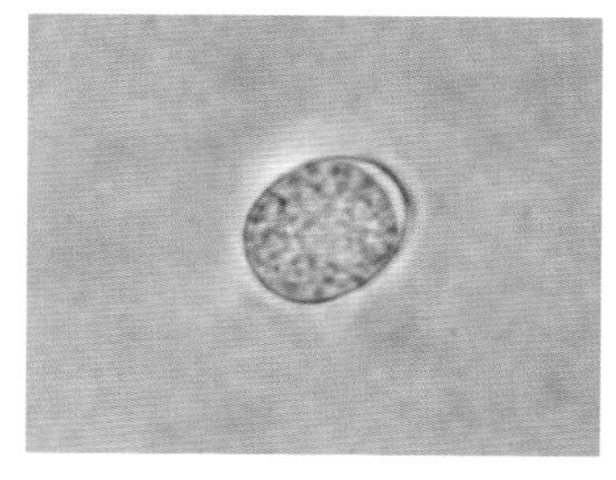

图 5–1　毁灭泰泽球虫的卵囊形态

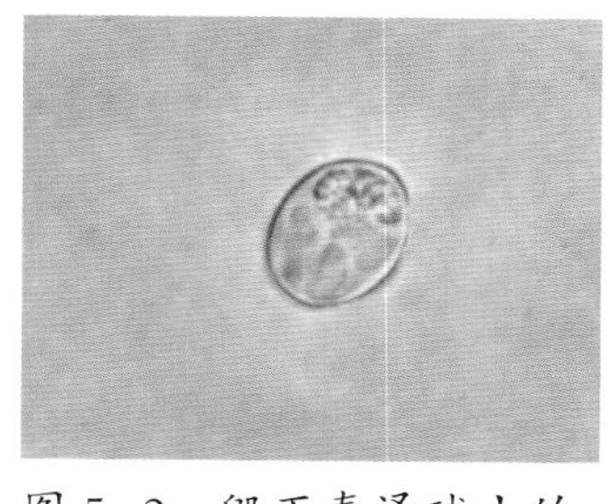

图 5–2　毁灭泰泽球虫的孢子化卵囊形态

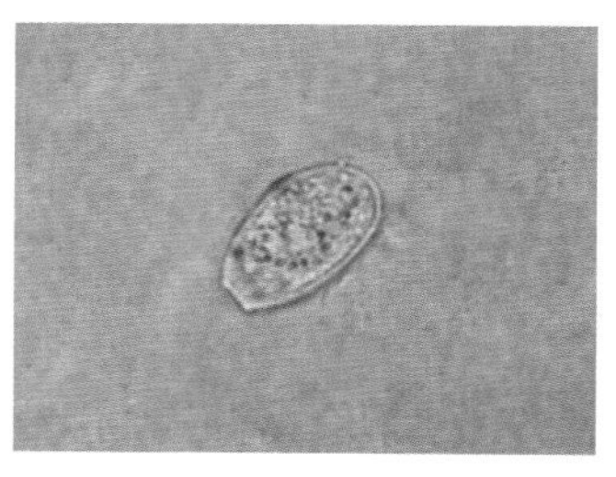

图 5–3　菲莱温扬球虫的卵囊形态

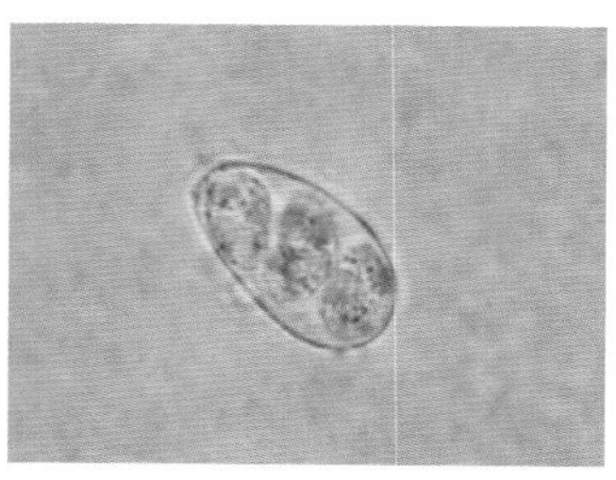

图 5–4　菲莱温扬球虫的孢子化卵囊形态

圆形（图 5-5），大小为（15.4~19.1）微米 ×（10.9~12.2）微米，有卵膜孔，有 1 个极粒，成熟的孢子化卵囊含 4 个孢子囊（图 5-6），每个孢子囊有 4 个子孢子。鸳鸯等孢球虫卵囊呈球形或亚球形（图 5-7），大小为（10.4~12.8）微米 ×（9.6~11.6）微米，无卵膜化，无孢子囊残体，成熟的孢子化卵囊中含 2 个孢子囊（图 5-8），有明显的斯氏体和孢子囊残体，每个孢子囊含 4 个子孢子。巴氏艾美耳球虫卵囊呈亚球形或卵圆形（图 5-9），大小为（17.6~20.9）微米 ×（14.5~17.1）微米，卵囊内有 1 个较大极粒，成熟的孢子化卵囊内含 4 个孢子囊（图 5-10），有斯氏体及孢子囊残体，每个孢子囊含有 2 个子孢子。鸭球虫在鸭肠道内要经裂殖生殖和配子生殖，在裂殖生殖阶段会产生许多裂殖体和裂殖子，经配子生殖后产生合子和卵囊，排到外界的卵囊在适宜条件下形成孢子化卵囊再感染鸭子。

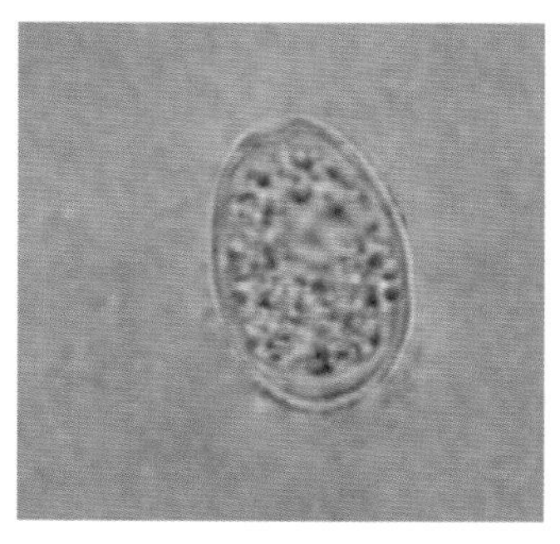

图 5-5　裴氏温扬球虫的卵囊形态

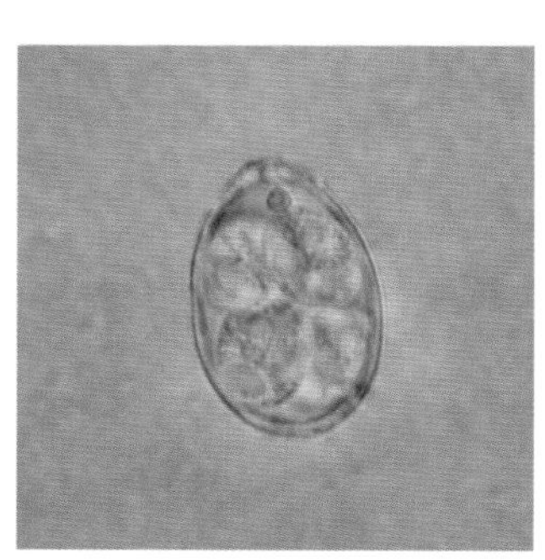

图 5-6　裴氏温扬球虫的孢子化卵囊形态

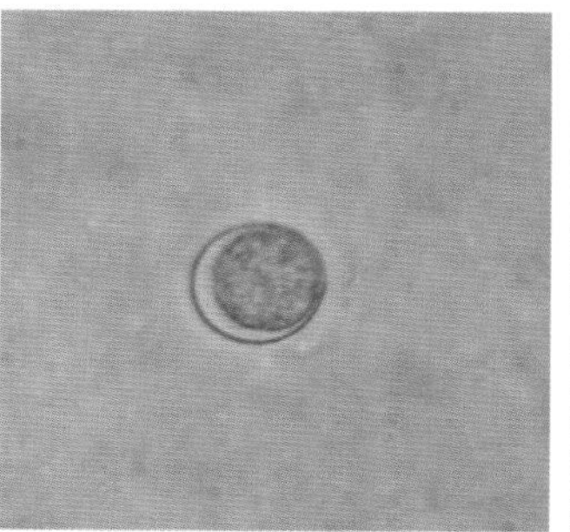

图 5-7　鸳鸯等孢球虫的卵囊形态

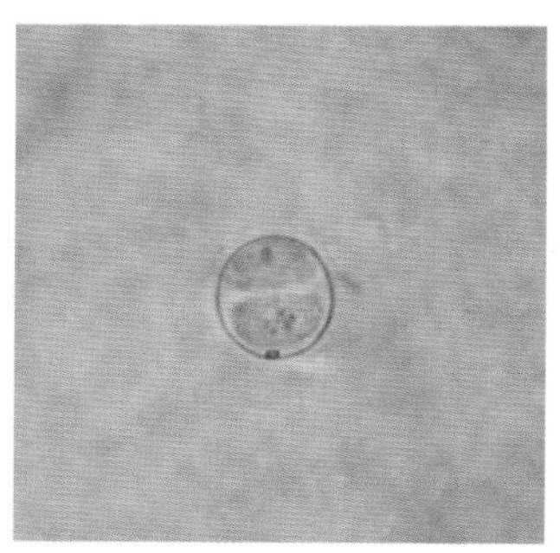

图 5-8　鸳鸯等孢球虫的孢子化卵囊形态

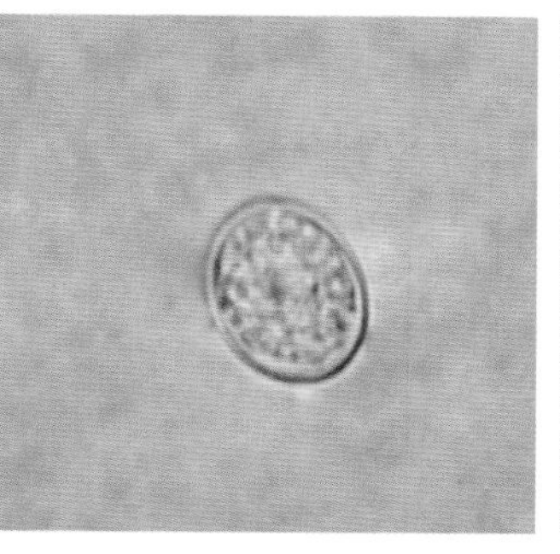

图 5-9　巴氏艾美耳球虫的卵囊形态

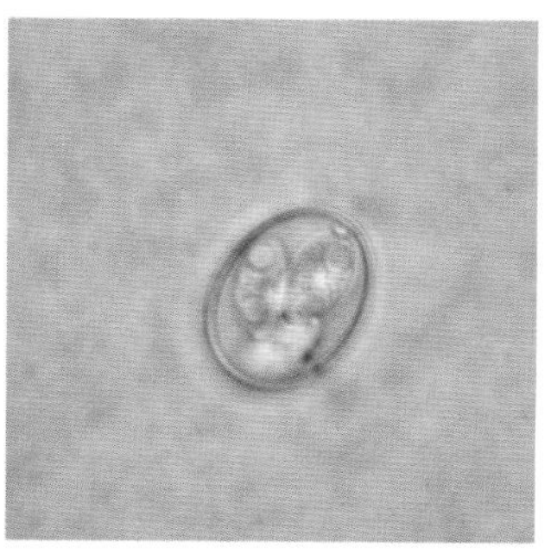

图 5-10　巴氏艾美耳球虫的孢子化卵囊形态

流行病学

鸭球虫病只感染鸭，对鸡、鹅等禽类不感染。不同日龄鸭对各种鸭球虫的易感性有所不同，其中泰泽属球虫多见于小鸭，危害性较大；温扬属球虫对小鸭和中大鸭都有致病性；鸳鸯等孢球虫对小鸭易感性强；而鸭艾美耳球虫多见于中大鸭。以往文献报道只有泰泽属和温扬属球虫对鸭有致病性，随着饲养环境的改变和恶化，鸭等孢球虫和艾美耳球虫对鸭的致病性也逐渐增强。

临床症状

急性病例往往出现突然发病，病鸭精神委顿，减料，排出巧克力样或黄白色稀粪，有些粪便中还带血（图5-11）。有时可见粉红色粪便黏附在肛门口（图5-12）。病程短，发病急，1~2 天后死亡数量就急剧增加，用一般抗生素治疗均无效，发病率 30%~90%，死亡率 30%~70%。耐过病鸭逐渐恢复食欲，死亡减少，但生长速度相对减缓。慢性病例则出现消瘦，拉稀，排出巧克力样稀粪，死亡率相对较低。

图 5-11　拉血便

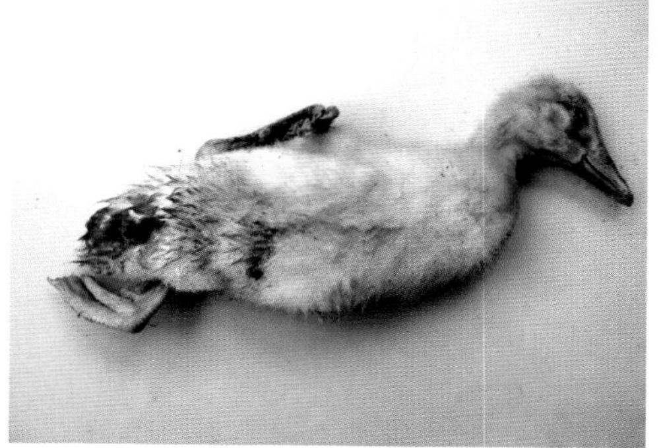

图 5-12　肛门口黏附血便

病理变化

小肠肿大明显（图 5-13），小肠和盲肠外壁有许多白色小坏死点（图 5-14），少数也有红色小出血点，切开肠道可见小肠为卡他性肠炎或出血性肠炎（图 5-15），内容物为白色糊状物并带一些血液（图 5-16、图 5-17），有些病例的肠道内仅为水样内容物。肠内黏膜上可见许多点状出血（图 5-18）。个别盲肠肿大，内容物为巧克力样粪便。

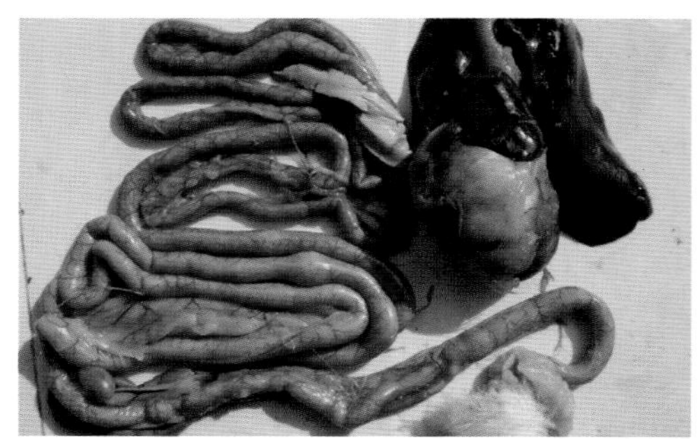

图 5-13 小肠肿大明显

图 5-14 小肠肿大，肠壁有出血点或坏死点

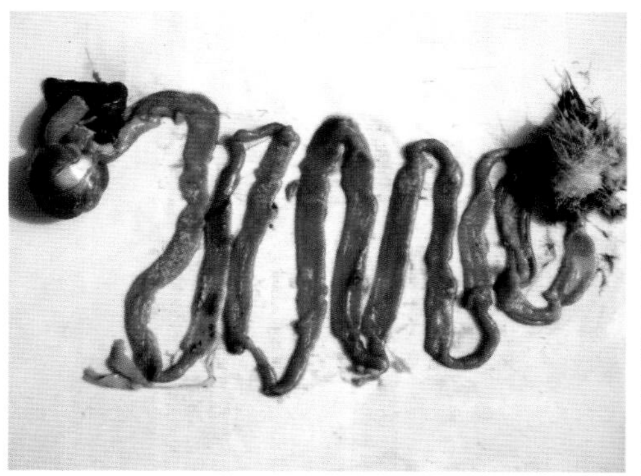

图 5-15 小肠出血性肠炎

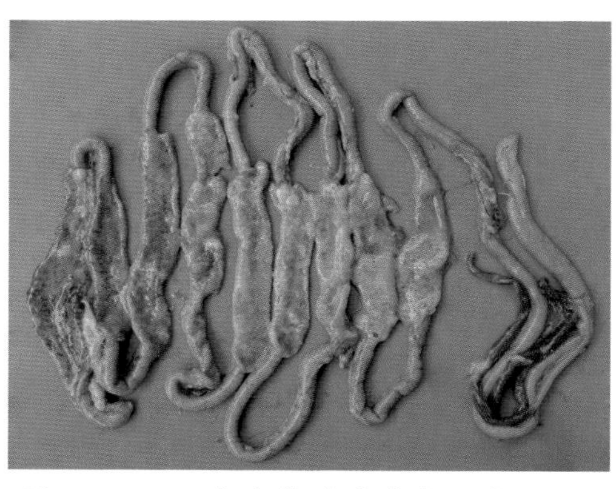

图 5-16 肠内容物为白色糊状物

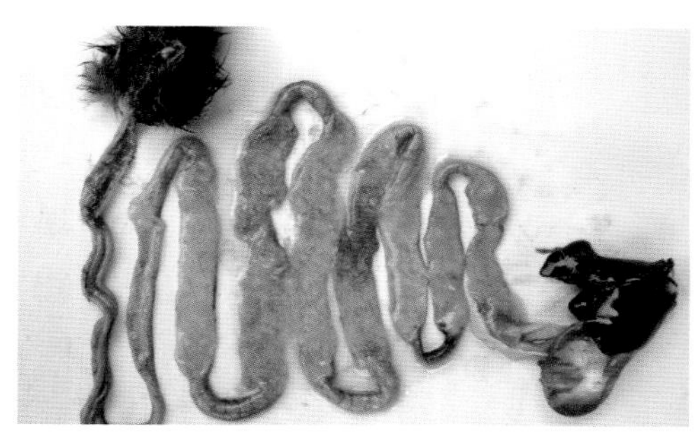

图 5-17 内容物为白色糊状物、带血液

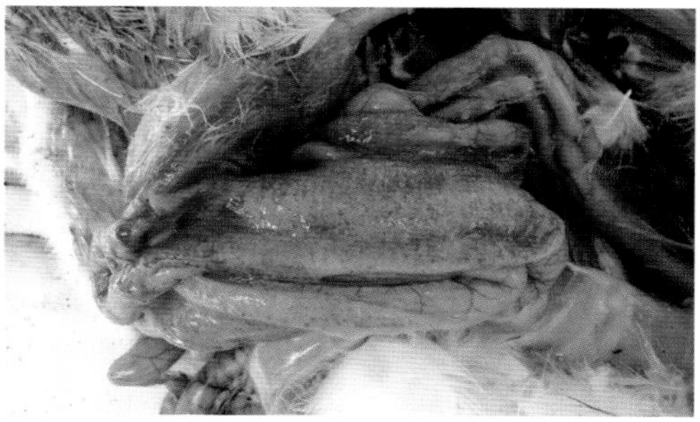

图 5-18 小肠黏膜出血点

诊断

根据本病的流行病学、临床症状、病理变化可做出初步诊断。必要时可刮取病变肠内容物进行镜检，检到大量卵囊、裂殖体、不同时期的裂殖子即可确诊

（图 5-19 至图 5-24）。在急性病例中往往只能检到大量裂殖子而检不到卵囊。至于是哪一种球虫，需对卵囊进行培养，观察孢子化卵囊形态和结构进行鉴定（图 5-25、5-26）。在临床上本病要与禽巴氏杆菌病、鸭大肠杆菌病、禽流感及中毒性疾病进行鉴别诊断。

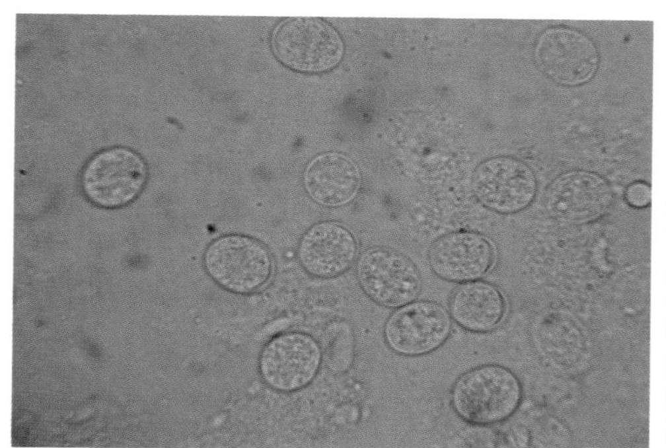
图 5-19　肠内容物检出椭圆形虫卵

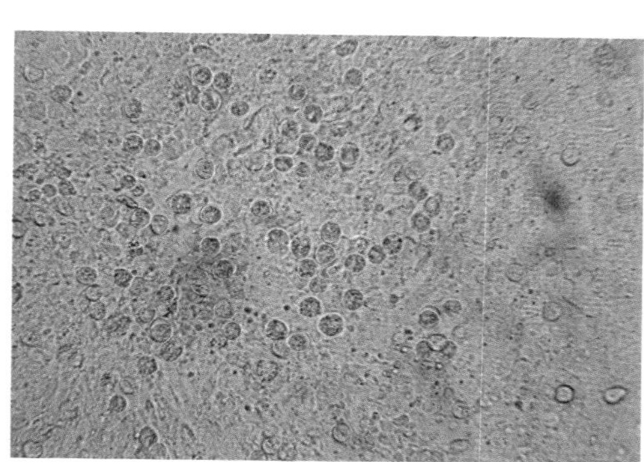
图 5-20　肠内容物检出圆形虫卵

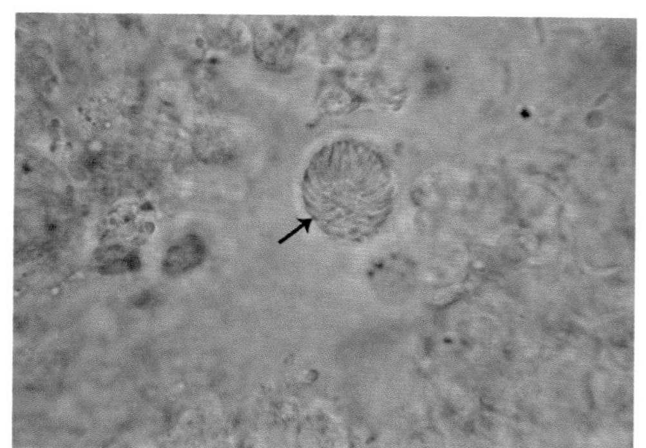
图 5-21　裂殖体形态

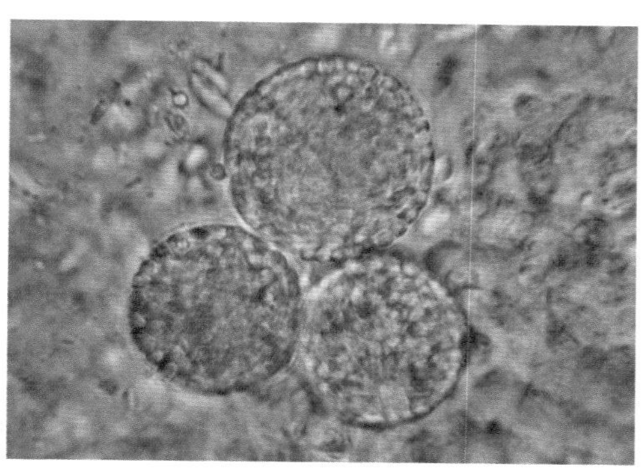
图 5-22　裂殖体压片形态

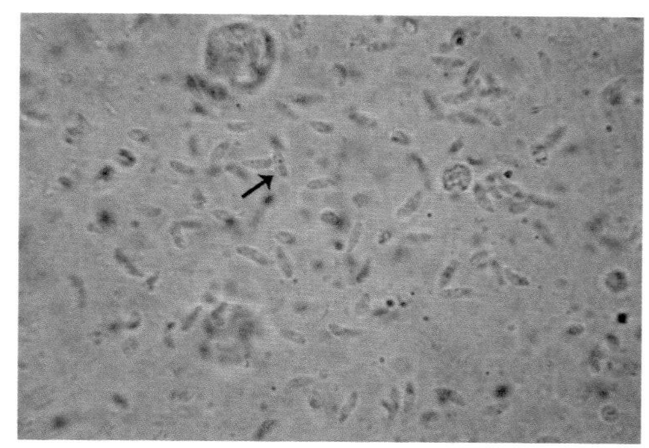
图 5-23　球虫裂殖子形态（Ⅰ期）

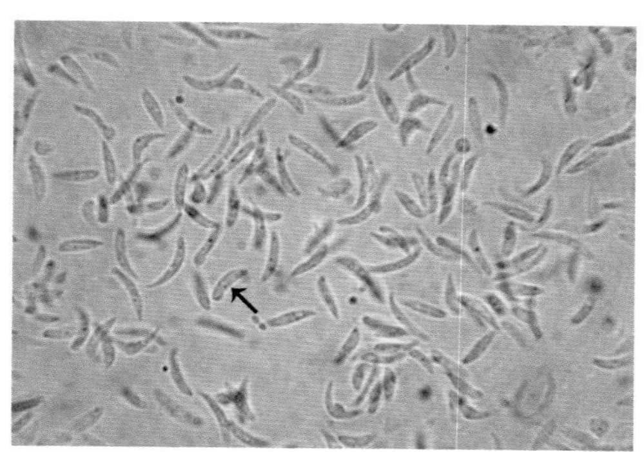
图 5-24　球虫裂殖子形态（Ⅱ期）

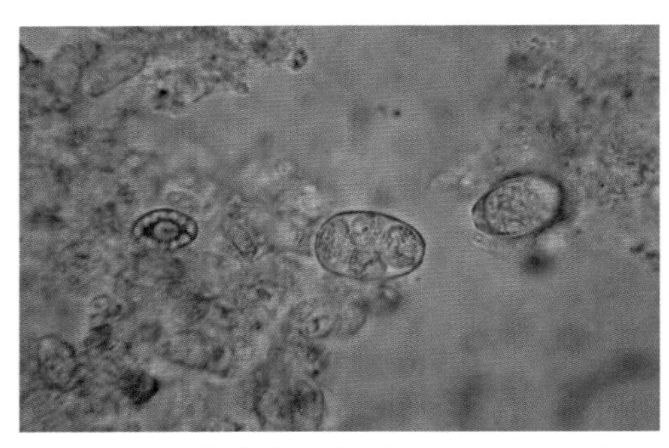

图 5–25　鸭菲莱温扬球虫的孢子化卵囊形态

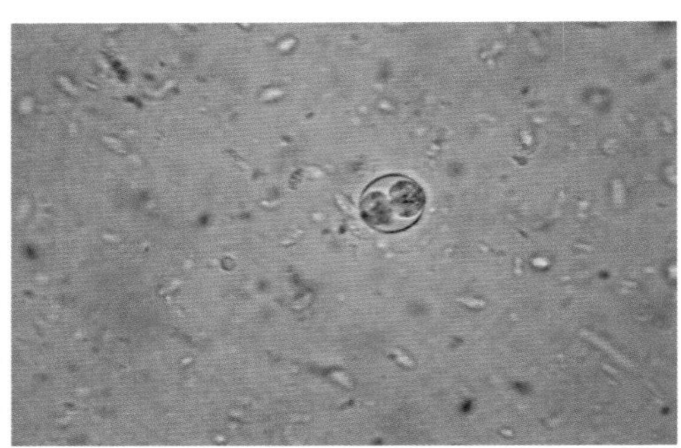

图 5–26　鸭等孢球虫的孢子化卵囊形态

防治措施

①预防措施：改善饲养管理条件，保持鸭场内环境卫生干净和干燥。少喂青绿饲料或不到受污染池塘内放牧，有条件的鸭场可采用网上饲养，以减少本病的发生。有发生过鸭球虫病的鸭场易形成疫源地，以后每批鸭都易患本病，要提早定期预防。

②治疗措施：可选用磺胺间甲氧嘧啶、磺胺喹噁啉、地克珠利、磺胺氯吡嗪钠等药物进行治疗，均有较好效果。对于严重病例（不吃料），可采用全群肌内注射磺胺间甲氧嘧啶钠注射液（按每千克体重 50~100 毫克），可获得较好效果。为了提高治疗效果，在临床上可同时使用 2 种抗球虫药（如磺胺类药物和地克珠利）进行治疗，一个疗程 3~5 天。

（二）鸭四毛滴虫病

鸭四毛滴虫病是由鸭四毛滴虫寄生于鸭盲肠或直肠内，导致鸭出现腹泻症状的一种寄生虫病。

病原

鸭四毛滴虫属于毛滴虫科四毛滴虫属。该虫的虫体较宽，大小为（1.1~1.5）微米 ×（2.0~6.0）微米，有 4 根前鞭毛，波动膜覆盖虫体大部分，肋和轴杆各 1 个。在新鲜的肠内容物中，通过高倍显微镜下镜检可见许多梭形的虫体在游动。

流行病学

鸭四毛滴虫只感染鸭。该病的发生程度与鸭场的饲养环境关系较大。一般认为鸭四毛滴虫通常在鸭的盲肠或直肠中隐性感染，当环境卫生条件差或饲养管理不良时，鸭肠内环境发生改变，鸭四毛滴虫就以纵分裂方式快速繁殖，导致鸭出现肠炎症状。鸭四毛滴虫在干燥环境下很快崩解死亡。

临床症状

鸭群表现采食量减少，腹泻症状明显，拉出黄白色稀粪，有些粪便虽然成形但偏稀。发病呈现慢性过程，极少出现死亡。

病理变化

病鸭剖检可见小肠略肿大，盲肠和直肠肿大明显（图 5-27），盲肠内容物为巧克力样糊状物，肠壁充血，直肠内容物为黄白色糊状物。其他内脏器官病变不明显。

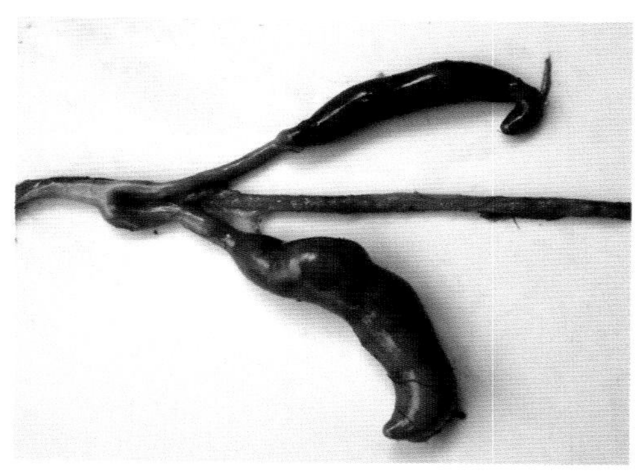

图 5-27　盲肠肿大

诊断

取盲肠及直肠内容物加适量生理盐水稀释后进行镜检，在高倍显微镜或油镜下可检出大量游动带鞭毛的梭状虫体即可诊断（图 5-28）。在临床上要注意与鸭球虫进行鉴别诊断。

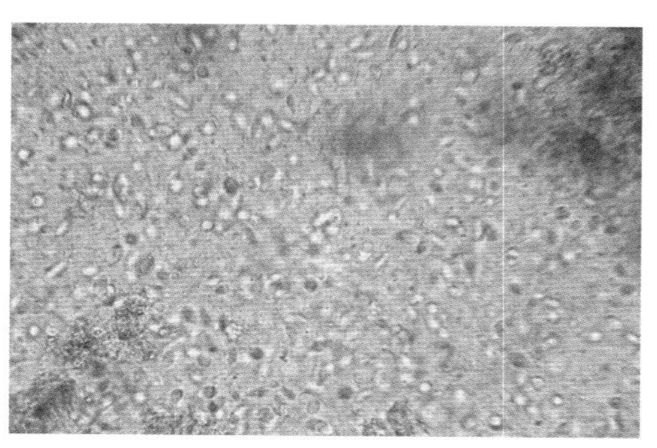

图 5-28　显微镜下检出大量游动梭状虫体

防治措施

①预防措施：鸭场要做好日常的饲养管理和卫生消毒工作，保持地面干燥，改变水面养殖为旱养或网上饲养，减少鸭子接触到污染源。

②治疗措施：采用甲硝唑或地美硝唑配合磺胺间甲氧嘧啶钠进行治疗。在使用地美硝唑治疗时，要搅拌均匀，用药 6 个小时内不要放鸭到水池，以防止个别采食过量药物的鸭出现运动障碍而溺水死亡。

（三）鸭隐孢子虫病

鸭隐孢子虫病是由贝氏隐孢子虫寄生在鸭法氏囊、泄殖腔、上呼吸道等上皮细胞表面导致的一种寄生虫病。

病原

贝氏隐孢子虫属于隐孢子科隐孢子属。卵囊大小为（5.2~6.6）微米 ×（4.5~5.6）微米，形状指数 1.24，卵壁光滑，无色，卵壁厚度 0.5 微米，无卵膜孔、极粒及孢子囊。孢子化卵囊内含 4 个裸露的香蕉样子孢子和 1 个颗粒状残体。虫体的繁殖与球虫一样都要经孢子生殖、裂殖生殖和配子生殖阶段。

流行病学

隐孢子虫是一种分布广泛的人畜共患寄生虫，可寄生在哺乳类、禽类、鱼类、爬行类等多种动物及人身上，不同动物的隐孢子虫有一定的种类差异。贝氏隐孢子虫可寄生在鸡、鸭、鹅、火鸡、鹌鹑、珍珠鸡、鹧鸪、孔雀等禽类身上，主要感染方式是粪便污染了食物和饮水，经消化道或呼吸道感染。据调查，北京鸭中贝氏隐孢子虫的感染率可达 29%~64%。

临床症状

本病多数表现为隐性感染，少数急性病例表现呼吸困难、咳嗽、打喷嚏、减料、体重减轻及腹泻症状。个别严重时可导致死亡。

病理变化

检查可见气管和支气管充血出血等炎症表现，泄殖腔肿大（图 5–29），内容物为黄白色糊状物，法氏囊肿大炎症、上皮细胞变性。

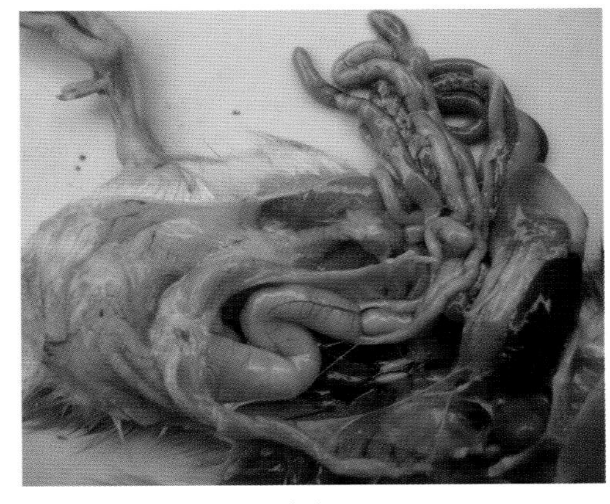

图 5–29　泄殖腔肿大

诊断

由于本病多为隐性感染，无明显临床症状，病鸭死前不易确诊。病鸭死亡后，可刮取鸭的法氏囊、泄殖腔或呼吸道黏膜做成涂片，经姬姆萨染色后镜检，若检出虫体（胞浆为蓝色，内含数个致密的红色颗粒）即可诊断（图5-30）。此外，还可取粪样以饱和蔗糖漂浮集卵后镜检或聚合酶链反应试验进行诊断。

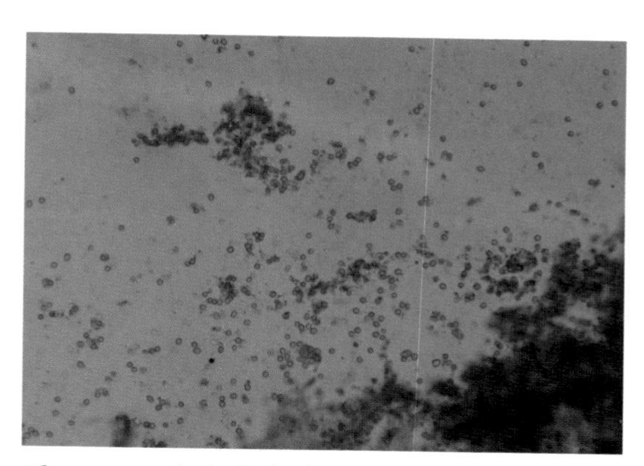

图5-30 法氏囊涂片检出球状卵囊

防治措施

①预防措施：要加强鸭场的环境卫生管理，防止饲料和饮水受到污染。通过加强饲养管理提高鸭群自身抵抗力。要加强公共卫生管理，做好鸭场粪污处理，防止鸭隐孢子虫对人类健康造成威胁。

②治疗措施：目前该病尚无十分有效的药物治疗。有报道，采用大蒜素、青蒿素、常山酮等对隐孢子虫有一定的治疗效果。

（四）鸭组织滴虫病

鸭组织滴虫病是由火鸡组织滴虫引起的以盲肠发炎、栓塞为特征的一种鸭急性原虫病。

病原

火鸡组织滴虫属于单尾滴虫科组织滴虫属。虫体近球形，直径3~16微米，有1根粗壮的鞭毛，虫体内有1个大的小盾和1个轴索，细胞核呈球形。虫体在适宜的环境下以二分裂方式进行繁殖。

流行病学

本病常为散发，有时也呈急性暴发，环境卫生条件差的鸭场易发。多见于番鸭，其他品种少见。发病日龄28~70天。一年四季均可发生。

临床症状

本病的潜伏期7~15天。病鸭表现精神委顿，行动迟缓，羽毛松乱，食欲减退或废食，排出黄色稀粪。急性暴发时，每天都出现一些病鸭死亡，发病率10%~50%，死亡率10%~20%。

病理变化

病死鸭典型病变在盲肠。两根盲肠肿大，质地变硬，外观呈黄白色香肠样（图 5-31、图 5-32），切开盲肠可见内容物为黄白色干酪样栓子（图 5-33），横断面呈同心圆状，盲肠黏膜炎症出血。直肠肿大，内容物呈黄白色糊状物或黄白色干酪样。有时肝脏肿大，表面有数量不等、大小不一的坏死灶（图 5-34、图 5-35）。

图 5-31　两根盲肠肿大、质地变硬

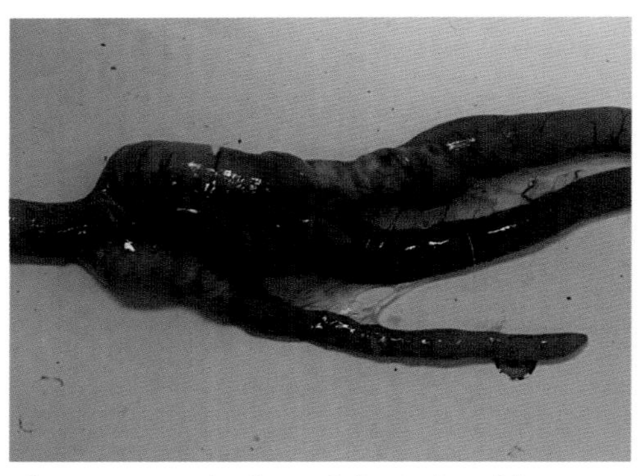

图 5-32　两根盲肠肿大呈香肠样

图 5-33　盲肠内容物为黄白色干酪样栓子

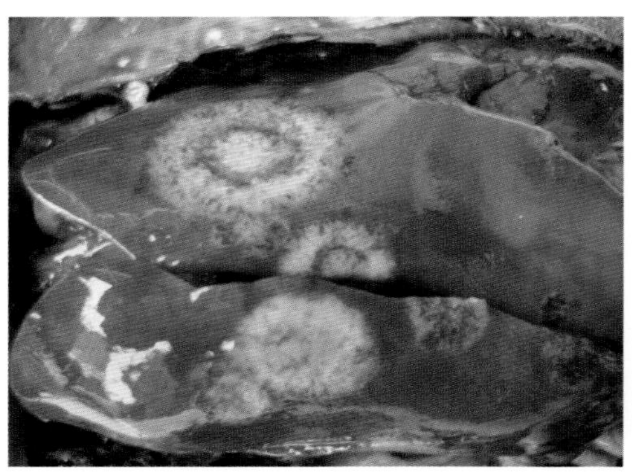

图 5-34　肝脏表现有大的坏死灶

图 5-35　肝脏表面有小坏死点

诊断

根据流行病学、临床症状及病理变化可做出初步诊断，在临床上要注意与鸭沙门菌病、鸭盲肠杯叶吸虫病进行鉴别诊断。取盲肠内容物或盲肠壁刮取物加生理盐水镜检，若检出圆形可活动的组织滴虫即可诊断。

防治措施

①预防措施：平时要保持鸭舍环境的卫生清洁，实施全进全出、彻底清场和完全消毒制度，不同批次鸭要分开饲养。提倡网上饲养，尽量避免鸭子接触到污染的地面。

②治疗措施：发病鸭群可选用甲硝唑、地美硝唑、磺胺间甲氧嘧啶钠等药物进行治疗，一个疗程 4~6 天。在使用地美硝唑治疗时，要搅拌均匀，用药后 6 个小时内不要放鸭到水池，以防止个别采食过量药物的鸭出现运动障碍而溺水死亡。

（五）鸭棘口吸虫病

鸭棘口吸虫病是由棘口科中多种属内的吸虫寄生于鸭体内的一类寄生虫疾病的总称。其中常见的病原有棘口属中的卷棘口吸虫、宫川棘口吸虫和接睾棘口吸虫，棘缘属中的曲领棘缘吸虫，低颈属中的似锥低颈吸虫等。这些棘口科吸虫主要寄生于家禽和野禽的大小肠中，有的也寄生于鱼类、爬行类和哺乳类等脊椎动物体内，有的甚至还会寄生于人体内。本病历史悠久，在世界范围内分布广泛，在放牧鸭中多呈现隐性感染，严重时也可导致感染鸭发病死亡。

病原

①卷棘口吸虫：虫体呈长叶形，比较厚（图 5-36），大小为（7.2~16.2）毫米 ×（1.15~1.82）毫米。头领呈肾状，头棘有 37 枚，前后交错排列。体表棘从头领开始由密变疏向后分布至睾丸处。口吸盘位于虫体顶端。腹吸盘为圆盘状，位于体前 1/5 处。前咽长，食道也长，两肠支沿虫体两侧伸至虫体亚末端。睾丸 2 个，长椭圆形，

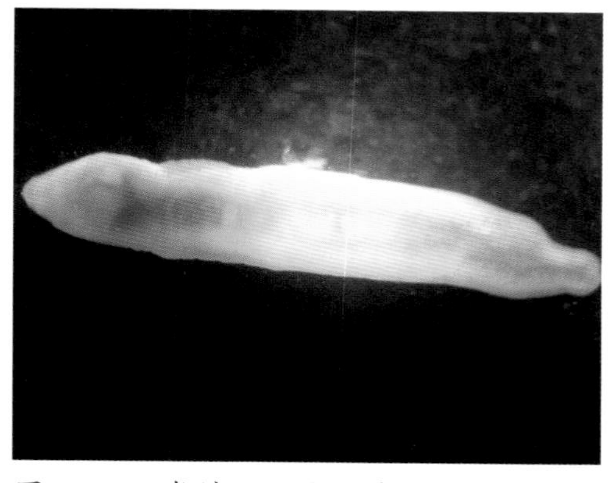
图 5-36　卷棘口吸虫形态

前后排列，位于虫体后 1/2 处。卵黄腺呈滤泡状，自腹吸盘后方开始沿两侧向后分布至虫体亚末端。子宫长，内含有大量虫卵，虫卵大小为（106~126）微米 ×（64~72）微米。可寄生于鸭的直肠、盲肠和小肠。

②宫川棘口吸虫：虫体呈长叶形（图 5-37），大小为（10.20~17.80）毫米 ×（1.88~2.64）毫米。头领发达，头棘有 37 枚，前后排列为两列。体表棘从头冠开始分布至前睾丸处，由前向后逐渐变疏。口吸盘位于顶端。腹吸盘呈球状，位于体前 1/5 处。前咽短，食道长，两肠支沿虫体两侧伸至虫体亚末端。睾丸位于虫体后 1/2 处，前后排列，边缘有 2~5 个分叶。雄茎囊呈椭圆形，位于肠分叉与腹吸盘之间。卵巢呈椭圆形，位于前睾之前。卵黄腺自腹吸盘后缘开始沿虫体两侧向后延伸至虫体亚末端，一侧卵黄腺在后睾之后间断。子宫发达，内含有大量虫卵，虫卵大小为（92~104）微米 ×（62~68）微米。可寄生于鸭的直肠、盲肠和小肠。

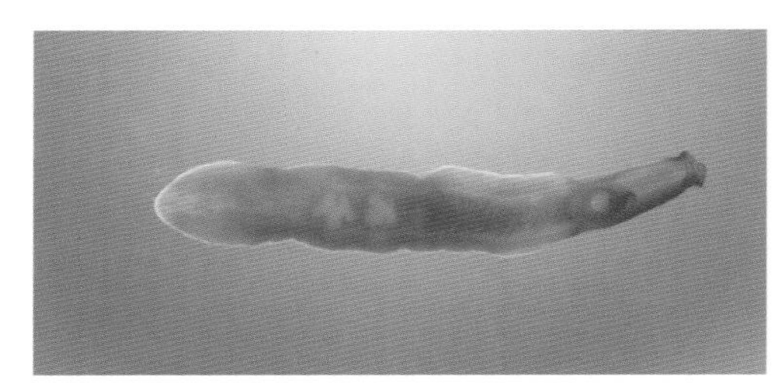

图 5-37　宫川棘口吸虫形态

③接睾棘口吸虫：虫体呈长叶形（图 5-38），大小为（5.60~7.40）毫米 ×（1.80~1.90）毫米。头领宽，头棘有 37 枚，体表小棘自头领分布到腹吸盘后缘。腹吸盘位于虫体前 1/4 处。食道长，两肠支沿虫体两侧伸至虫体后端。睾丸 2 个，前后排列于虫体中后部，形状呈“工”字形（图 5-39）。卵巢位于前睾丸的前方中央。卵黄腺分布于虫体两侧。虫卵大小为（103~108）微米 ×（58~61）微米。

图 5-38　接睾棘口吸虫形态

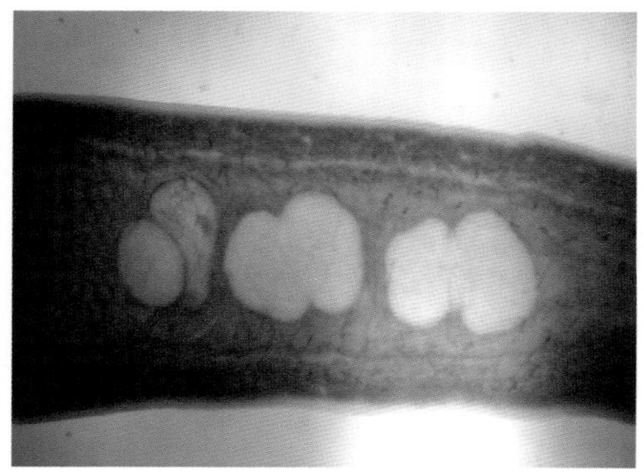

图 5-39　接睾棘口吸虫睾丸和卵巢形态

主要寄生于鸭的小肠。

④曲领棘缘吸虫：虫体呈长叶形，体前部通常向腹面弯曲（图5-40、图5-41），大小为（4.10~5.25）毫米 ×（0.68~0.90）毫米，腹吸盘处最宽。头领发达，具有头棘45枚。体表棘从头领后开始止于腹吸盘与卵巢之间，也是前密后疏。口吸盘位于虫体的亚顶端，大小为（0.132~0.16）毫米 ×（0.12~0.15）毫米。腹吸盘位于体前部1/4处，大小为（0.44~0.50）毫米 ×（0.40~0.48）毫米。食道长，两肠支沿虫体两侧伸至虫体亚末端。睾丸位于虫体后半部，呈长椭圆形，前后相接或略有重叠，前睾大小为（0.45~0.66）毫米 ×（0.21~0.38）毫米，后睾大小为（0.25~0.45）毫米 ×（0.25~0.38）毫米。卵巢呈球形，位于虫体中央，直径为0.18~0.22毫米。卵黄腺自腹吸盘后缘开始沿两侧分布至虫体亚末端。子宫不发达，虫卵少，虫卵大小为（94~106）微米 ×（58~68）微米。主要寄生于鸭的小肠，有时也可见于直肠和盲肠。

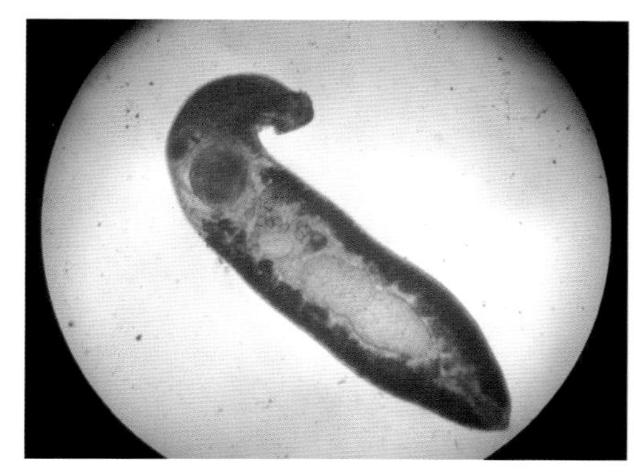

图 5-40　曲颈棘缘吸虫形态

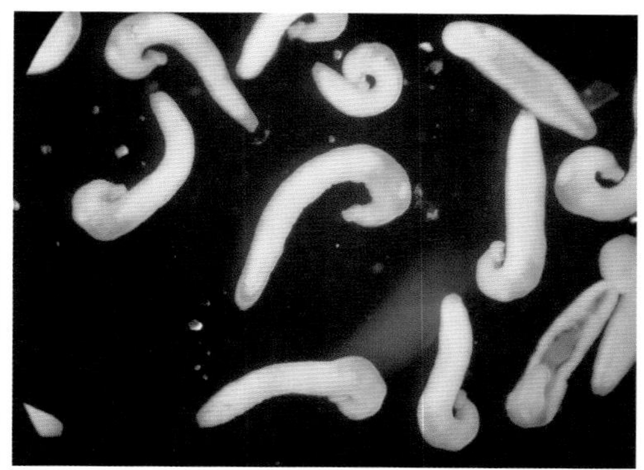

图 5-41　曲颈棘缘吸虫在体视显微镜下形态

⑤似锥低颈吸虫：虫体肥厚，腹吸盘处最宽，腹吸盘之后虫体逐渐狭小如锥状（图5-42），大小为（5.20~11.80）毫米 ×（0.83~1.79）毫米。头领呈半圆形，具有头棘49枚，体表棘自头领之后分布到卵巢处终止。口吸盘位于虫体亚前端。腹吸盘发达，比口吸盘大6倍。食道短，两肠支沿虫体两侧伸至虫体亚末端。睾丸2个，位于虫体中部或后1/2处，呈腊肠状，前后排列（图5-43）。卵巢呈类圆形，位于前睾之前的中央。卵黄腺自腹吸盘后缘开始延伸至虫体亚末端。子宫发达，内有大量虫卵，虫卵大小为（86~99）微米 ×（52~66）微米。主要寄生

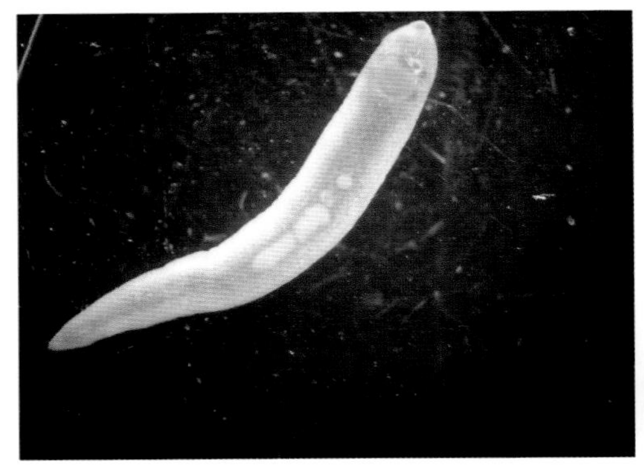
图 5-42　似锥低颈吸虫形态

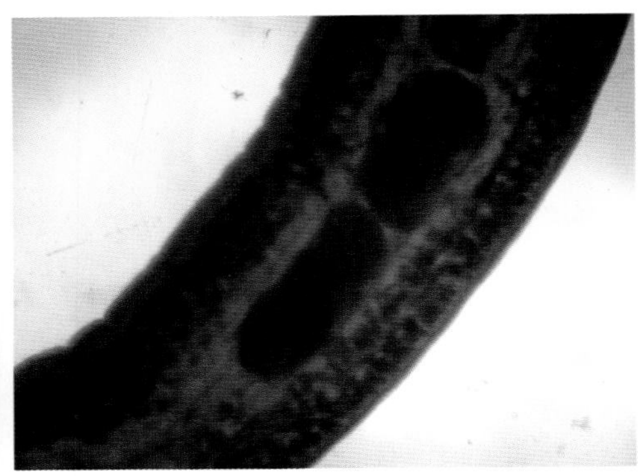
图 5-43　似锥低颈吸虫睾丸形态

于鸭小肠中下部，偶见于盲肠。

流行病学

棘口类吸虫的发育一般需要 2 个中间宿主，第一中间宿主为淡水螺，第二中间宿主为淡水螺、蛙类及淡水鱼。不同种类棘口吸虫的中间宿主略有不同。棘口类吸虫的虫卵随鸭（或其他禽类）粪便排至体外，在 30℃左右的环境温度下在水中经 8~10 天孵出毛蚴。毛蚴在水中游动，遇到适宜的淡水螺类，即钻进其体内，脱去纤毛，经 32~50 天相继发育为胞蚴、母雷蚴、子雷蚴及尾蚴。尾蚴从螺体内逸出后，游动于水中，遇到第二中间宿主（如淡水螺、蝌蚪或鱼类），即侵入其体内经 10~15 天发育为囊蚴。鸭等终末宿主吞食了含囊蚴的第二中间宿主而被感染，在终末宿主体内经 20 天左右发育为成虫并向外排出虫卵。

棘口类吸虫在世界范围内分布广泛，在我国各地也普遍流行，其中南方各省更为多见。除鸭能感染棘口类吸虫外，鸡、鹅、狗、猫、人等若采食到含囊蚴的生螺肉、贝类（或未煮熟）也可能被感染棘口类吸虫。

临床症状

少量感染时，鸭一般无明显的症状。严重感染时，可导致病鸭出现食欲缺乏、消化不良、下痢、粪便中混有黏液等症状。此外病鸭还有贫血、消瘦、发育不良等一般性症状，个别严重的病鸭可因衰竭而死亡。

病理变化

剖检可见寄生部位的小肠或盲肠、直肠轻度肿大，切开肠内呈卡他性炎症，肠内黏膜有不同程度的充血、出血病变，并可见有粉红色的棘口类吸虫吸附在肠内壁上（图 5-44 至图 5-46）。

诊断

由于鸭棘口类吸虫病的症状缺少特异性，因此仅仅依靠临床症状很难对该吸虫做出肯定的诊断，所以对本病的诊断在很大程度上需依赖于实验室的检查。一方面，按照寄生虫学完全剖检法对病死鸭按器官系统进行全面检查，对检出的吸虫及其虫卵经固定处理后观测虫体形态及大小，并用卡红染色或苏木素染色后观测虫体形态结构及其大小，对照相关吸虫图谱后确定是哪一种棘口类吸虫，以及是否有其他寄生虫的并发感染。另一方面，采集相关病料进行有关细菌性、病毒性疾病的检查，以确定棘口类吸虫是主要病原还是次要病原（并发感染）。病原的确诊可为本病的防治提供科学依据。

图 5-44　卷棘口吸虫寄生在小肠内

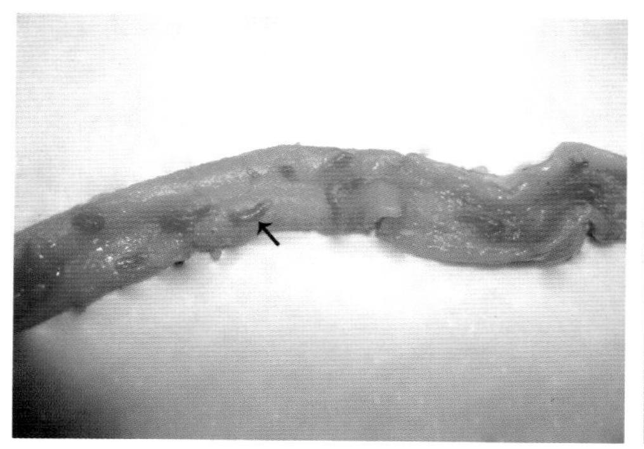

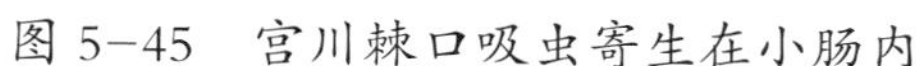

图 5-45　宫川棘口吸虫寄生在小肠内

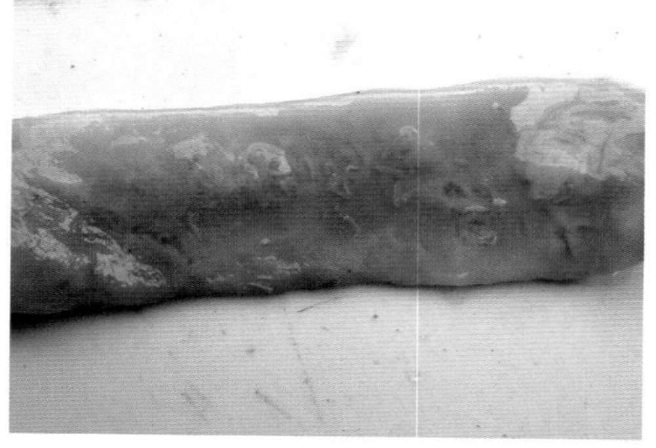

图 5-46　曲领棘缘吸虫寄生在小肠内

防治措施

①预防措施：要转变鸭饲养方式，改放牧为舍饲，不让鸭在饲养过程中接触到中间宿主（淡水螺、鱼类、蝌蚪等），在平常舍饲过程中，也不要饲喂生鱼、蝌蚪、贝类及含有中间宿主的浮萍、水草等。在本病流行地区，对放牧鸭要定期使用广谱抗蠕虫药物（如阿苯达唑、芬苯达唑、氯硝柳胺）等进行预防性驱虫，每隔 20~30 天驱虫 1 次。必要时可施用化学药物消灭中间宿主来预防和控制本病的发生。

②治疗措施：可选用阿苯达唑（按每千克体重 10~25 毫克拌料，连用 2~3 天）；或芬苯达唑（按每千克体重 10~50 毫克拌料，连用 2~3 天）；或氯硝柳胺（按每千克体重 50~60 毫克拌料，连用 2~3 天）等药物治疗均有效果。治疗后排出的虫体及粪便应采取堆积发酵处理，以达到消灭虫卵的目的。

（六）鸭杯叶吸虫病

鸭杯叶吸虫病是由杯叶科中某些杯叶吸虫寄生于鸭体内引起的一类寄生虫病的总称。其中常见的病原有杯叶属中的东方杯叶吸虫、普鲁氏杯叶吸虫、盲肠杯叶吸虫等。这些杯叶科吸虫主要寄生于家禽和食鱼鸟类的大小肠内，对放牧鸭危害性很大，危害面广，可导致大量放牧鸭发病死亡。

病原

①东方杯叶吸虫：东方杯叶吸虫寄生于鸭、鸡等禽类小肠、盲肠、直肠内。虫体呈梨形（图 5-47、图 5-48），大小为（0.72~1.33）毫米 ×（0.51~0.89）毫米。

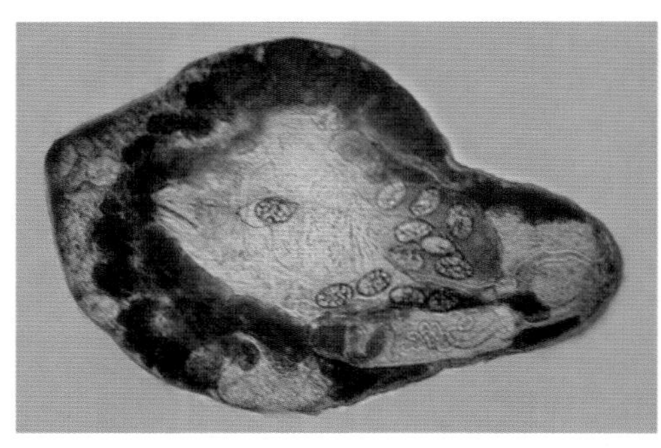

图 5-47　东方杯叶吸虫的虫体形态

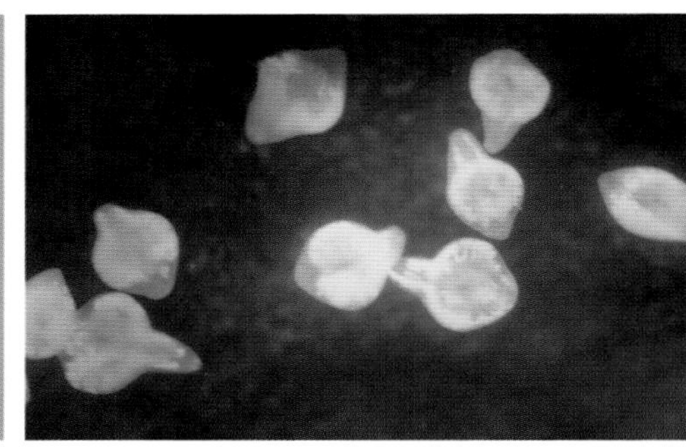

图 5-48　东方杯叶吸虫在体视显微镜下的形态

口吸盘呈球形。腹吸盘位于肠叉之后，黏附器发达，几乎占满整个虫体。睾丸呈卵圆形，并列或斜列于虫体的中部。卵巢呈卵圆形，位于睾丸前方，卵黄腺分布于虫体侧缘。虫卵呈卵圆形（图 5-49），大小为（92~115）微米 ×（60~71）微米。

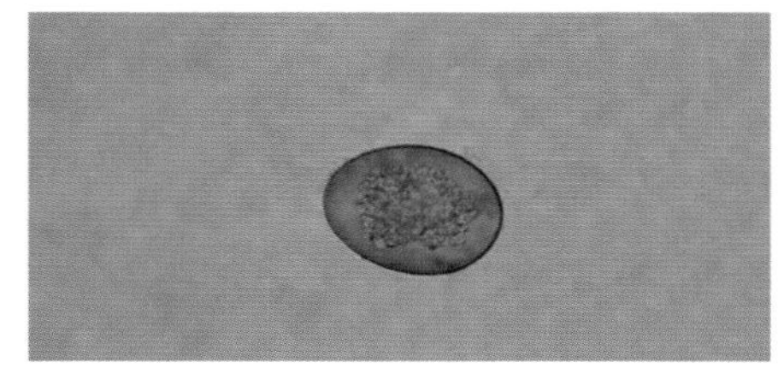

图 5-49　东方杯叶吸虫的虫卵形态

②普鲁氏杯叶吸虫：普鲁氏杯叶吸虫寄生在鸭、鹅、野鸭等禽类小肠内。虫体呈梨形（图 5-50），体表有小刺，大小为（0.8~1.0）毫米 ×（0.6~0.65）毫米。口吸盘位于前端。腹吸盘常被黏附器覆盖，不易被看到。咽呈圆形，两肠支不到达虫体后缘，虫体腹面有一个非常发达的黏附器，常凸出腹面边缘。睾丸圆形或卵圆形，左右斜列于虫体的中部。雄茎囊十分发达，呈棍棒状，常为虫体长度的 1/2~3/5。生殖孔开口于虫体末端，常可见雄茎伸到体外。卵巢位于睾丸下缘，常与睾丸重叠，卵黄腺呈大囊泡状，分布于虫体四周，子宫内虫卵不多。虫卵呈长椭圆形（图 5-51），相对较大，大小为（98~103）微米 ×（65~68）微米。

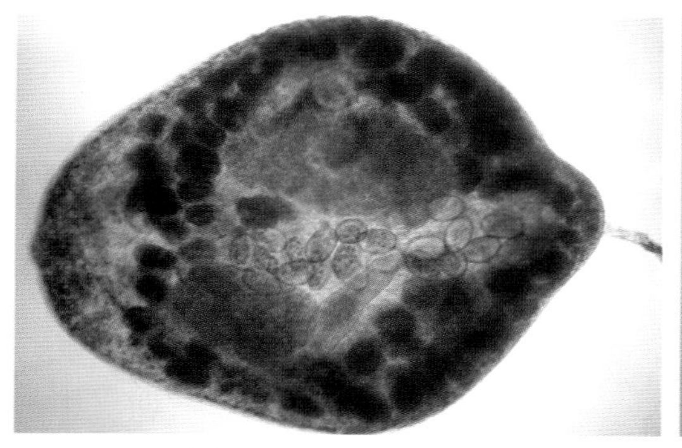

图 5-50　普鲁氏杯叶吸虫的虫体形态

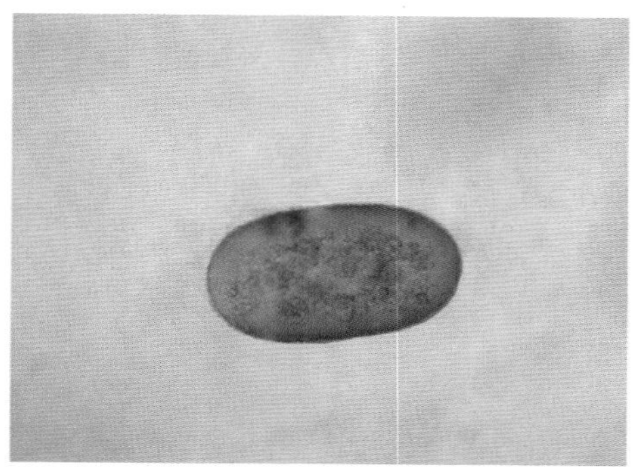

图 5-51　普鲁氏杯叶吸虫的虫卵形态

③盲肠杯叶吸虫：盲肠杯叶吸虫寄生于鸭盲肠内。虫体呈卵圆形（图 5-52 至图 5-55），大小为（1.175~2.375）毫米 ×（0.950~1.875）毫米，在虫体腹面有一个很大的黏附器（图 5-56）。口吸盘位于虫体的顶端或亚顶端，咽呈球状，食道短。2 个肠支盲端伸达虫体的亚末端。腹吸盘位于黏附器前缘中部（多数被卵黄腺覆盖，不易被看到）。黏附器很大。睾丸 2 个，呈椭圆形、短棒状、长棒状等多种形态（图 5-57）；排列无规律，多为左右排列。卵巢形态近圆形，位于虫体腹面的中部偏左侧。雄茎囊呈长袋状，位于虫体的后端，偏向虫体的右侧。卵黄腺比较发达，分布于虫体四周。虫卵呈卵圆形（图 5-58），大小为（75~98）微米 ×（55~75）微米。

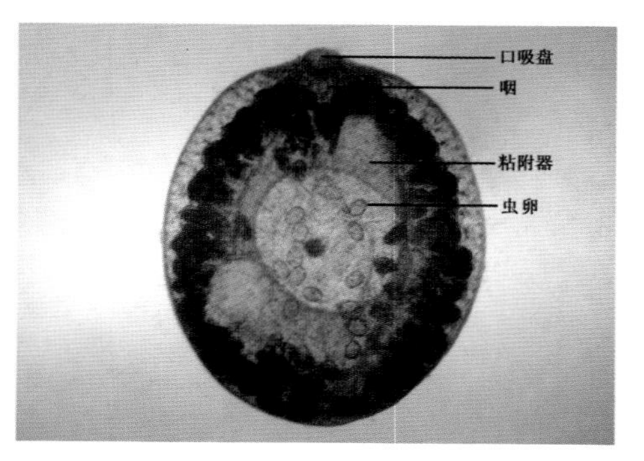

图 5-52　盲肠杯叶吸虫的虫体形态

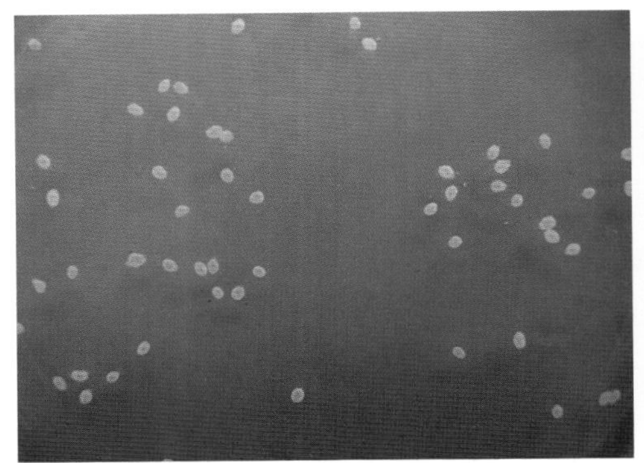

图 5-53　盲肠杯叶吸虫肉眼形态

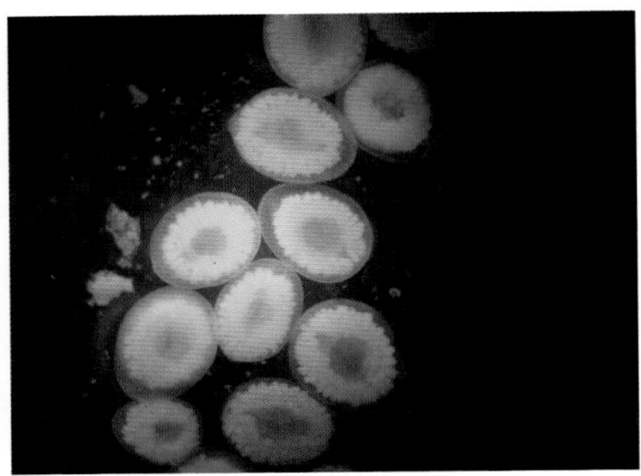

图 5-54　盲肠杯叶吸虫在体视显微镜下的形态

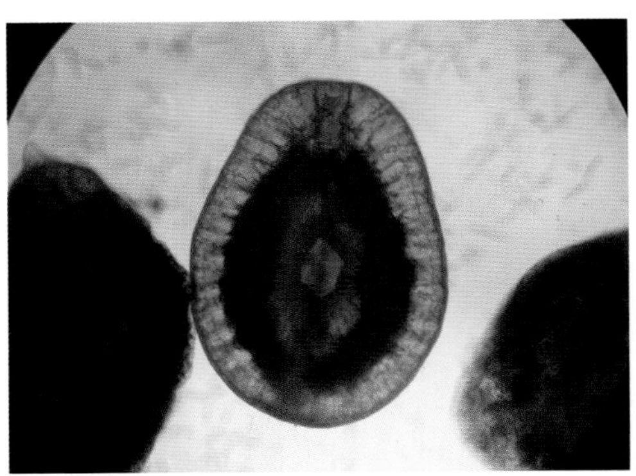

图 5-55　盲肠杯叶吸虫童虫形态

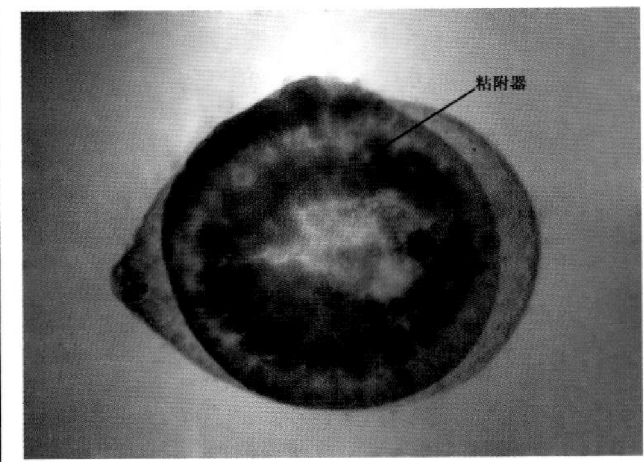

图 5-56　盲肠杯叶吸虫黏附器形态

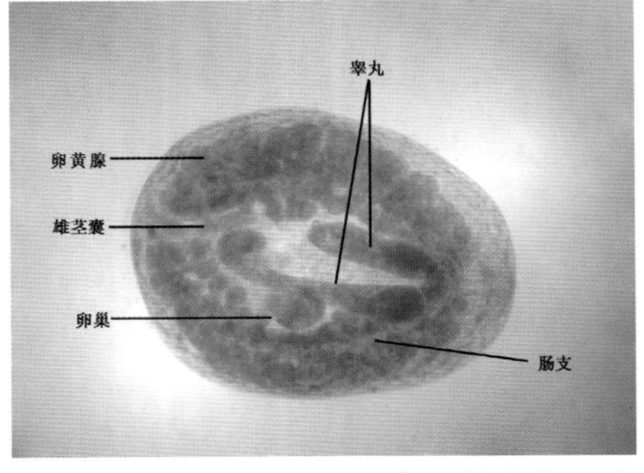

图 5-57　盲肠杯叶吸虫睾丸等内部形态结构

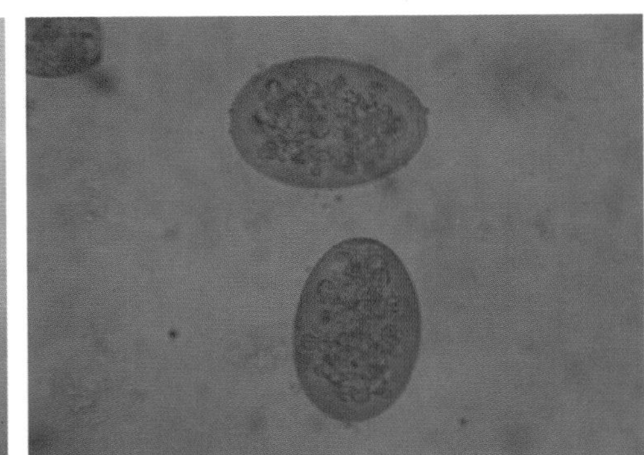

图 5-58　盲肠杯叶吸虫虫卵的形态

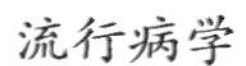

流行病学

杯叶科吸虫的发育过程一般需要 2 个中间宿主，第一中间宿主为淡水螺（如纹沼螺），第二中间宿主为鱼类（如麦穗鱼、鲫鱼、鲤鱼、鲩鱼、鲢鱼、鳙鱼、泥鳅等）。杯叶科吸虫的虫卵随鸭（或食鱼鸟类）的粪便排出体外，在 20~30℃的环境温度下在水中经 21 天发育为毛蚴；毛蚴感染了池塘、湖泊、溪流或水田内的纹沼螺，在螺体内经 62 天相继发育为胞蚴和尾蚴（无雷蚴期）；尾蚴自螺体内逸出后游于水中，遇到第二中间宿主鱼类，即侵入其体表或肌肉内经 10~20 天发育为囊蚴。当鸭等终末宿主吞食含有成熟囊蚴的第二中间宿主而受到感染后，在终末宿主体内经过 3 天时间由童虫发育为成虫，并向外排出虫卵。整个发育周期需 90~100 天。

杯叶科吸虫的品种繁多，在世界范围内分布广泛，在我国也有广泛分布。不同种类杯叶吸虫，其分布地域有所不同，如东方杯叶吸虫分布在我国的陕西省、四川省、重庆市、江苏省、安徽省、上海市、浙江省、江西省、湖南省、福建省、广东省等地；普鲁氏杯叶吸虫分布在我国的浙江省、江西省、福建省等地；盲肠杯叶吸虫主要分布在我国的福建省及其周边地区。在南方各省，广大养殖户都有放牧饲养鸭的传统习惯，这些放牧鸭极易在池塘、湖泊、溪流或水田等地采食到麦穗鱼、鲫鱼、泥鳅等鱼类而感染杯叶科吸虫。由于杯叶科吸虫的发育周期需 3 个月左右，所以本病的发病季节多在每年的夏、秋季节或初冬季节。除了鸭以外，有饲喂鱼类的其他禽类（如鸡、鹅和野鸟）也有可能感染杯叶科吸虫。

临床症状

急性病例表现为鸭到野外放牧后 2~3 天即出现典型病症，主要表现为精神沉郁，吃食减少或废绝，拉黄白色稀粪，羽毛无光泽，病鸭死亡快。发病率和死亡率日趋升高，总发病率可达 20%~50%，死亡率可达 10%~50%，病程可持续 7~15 天。慢性病例表现为鸭到野外放牧 10 天后才出现病症，发病率和死亡率相对较低。此病用一般抗生素和磺胺类药物治疗均无效果。

病理变化

不同种类的鸭杯叶吸虫病，其病理变化有所不同。鸭东方杯叶吸虫病的主要病变是鸭小肠、盲肠、直肠均有不同程度的肿大（图 5-59），切开肠壁可见肠内充满黄褐色或黑褐色内容物，肠壁有不同程度的局灶性坏死。慢性病例在结肠内可见干酪样阻塞物。鸭普鲁氏杯叶吸虫病的病变主要在小肠，可见小肠肿大明显（图 5–60），切开肠壁可见肠内充满黄褐色或黑褐色内容物，仔细查看在肠内容物中可见一些黄白色小虫体，小肠壁也有不同程度的局灶性坏死（图 5–61）。鸭盲肠杯叶吸虫的病变主要在盲肠，可见两根盲肠肿大异常（图 5–62 至图 5–65），盲肠表面有不同程度的坏死点或坏死斑，切开盲肠可见内容物为黄褐色糊状物（图

图 5–59　东方杯叶吸虫导致直肠肿大

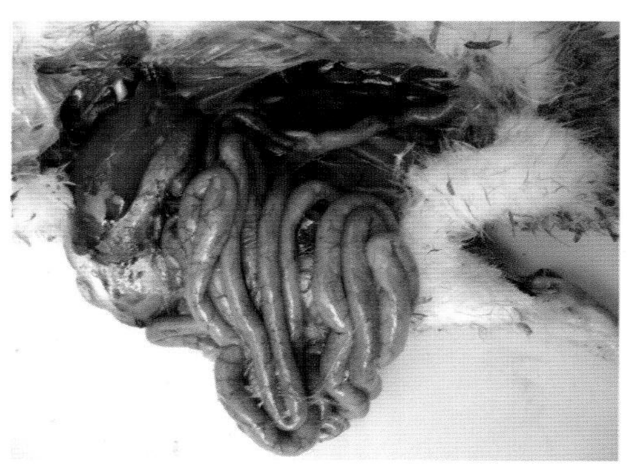

图 5–60　普鲁氏杯叶吸虫导致小肠肿大

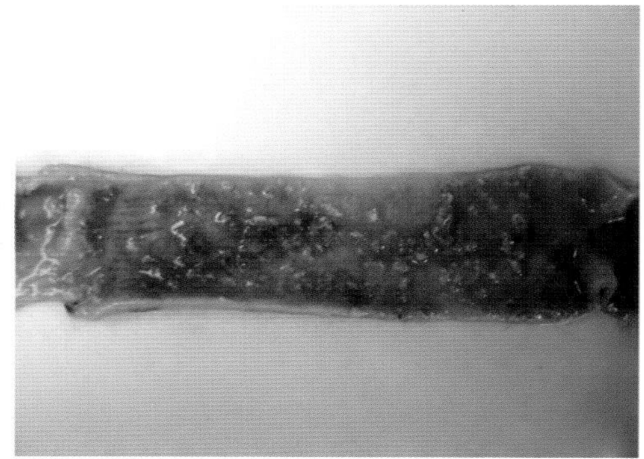

图 5–61　普鲁氏杯叶吸虫导致小肠局灶性坏死

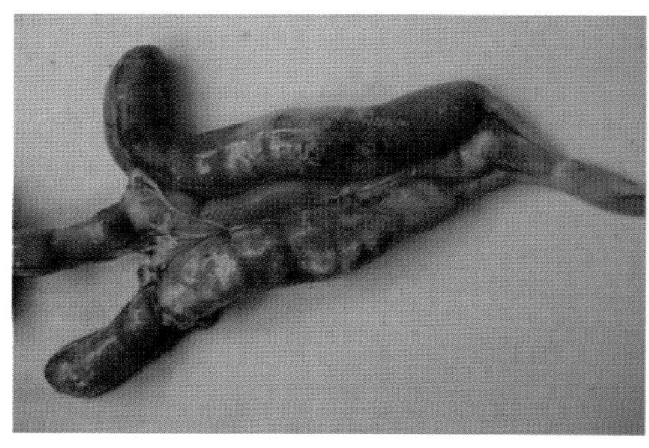

图 5–62　盲肠杯叶吸虫导致盲肠肿大

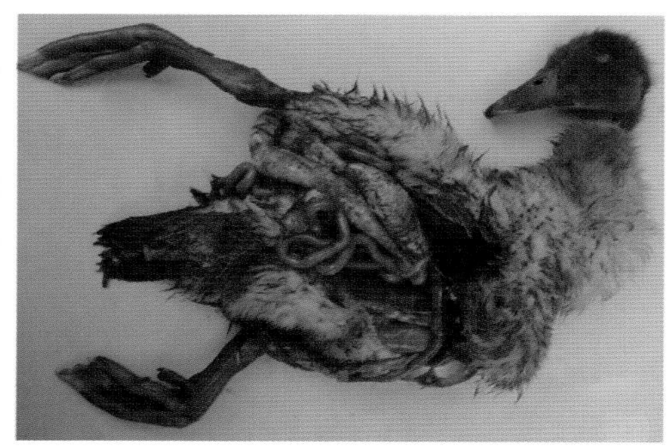

图 5–63　盲肠杯叶吸虫导致盲肠异常肿大

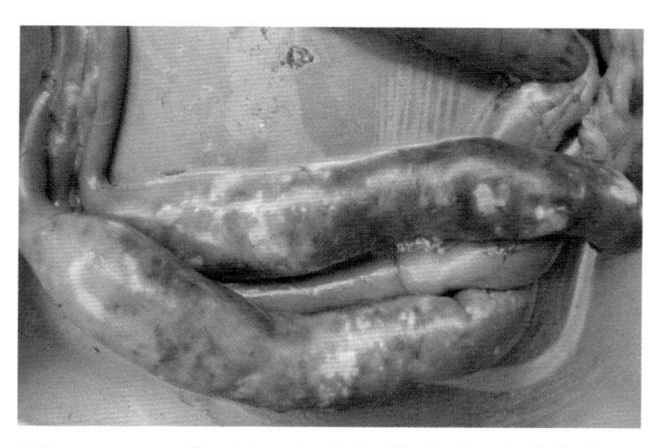
图 5-64　盲肠杯叶吸虫导致盲肠局部坏死

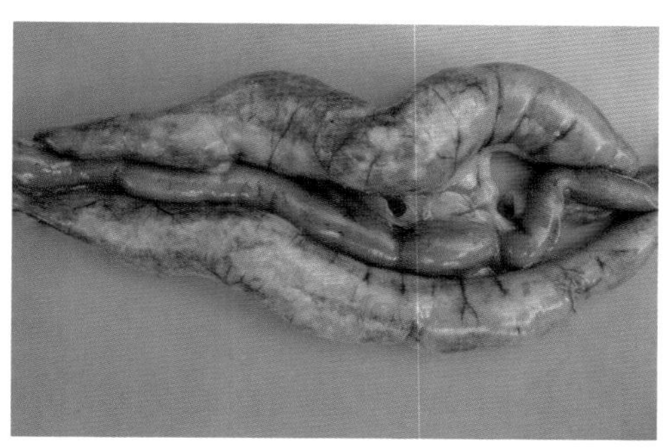
图 5-65　盲肠杯叶吸虫导致盲肠肿大坏死

5-66），并有一股难闻的恶臭味，盲肠内壁坏死严重并呈糠麸样病变，仔细查看在盲肠黏膜上可见一些卵圆形的虫体（图 5-67）。慢性病例在盲肠也可见到干酪样阻塞物。病变肠管做病理切片，可见肠黏膜脱离严重，肠壁严重坏死。

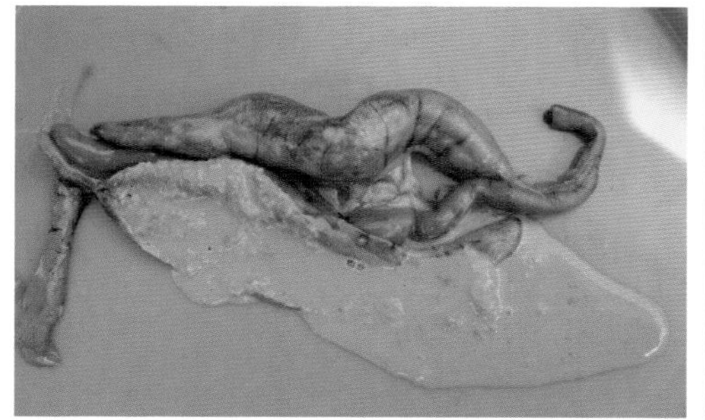
图 5-66　盲肠内容物为黄褐色糊状物

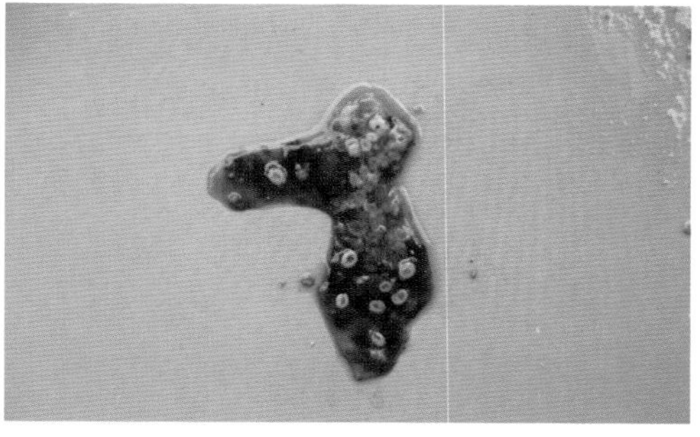
图 5-67　盲肠壁检出卵圆形虫体

诊断

根据鸭杯叶吸虫病的潜伏期短（只有 3 天），并出现严重的肠炎病变及发病率高和死亡率高，可做出初步诊断。本病的确诊有赖于对病变肠管内容物进行镜检，检出卵圆形虫卵（图 5-68），并对所检出的吸虫进行固定、染色或透明处理后进一步观测吸虫形态和内部结构，以确定杯叶科

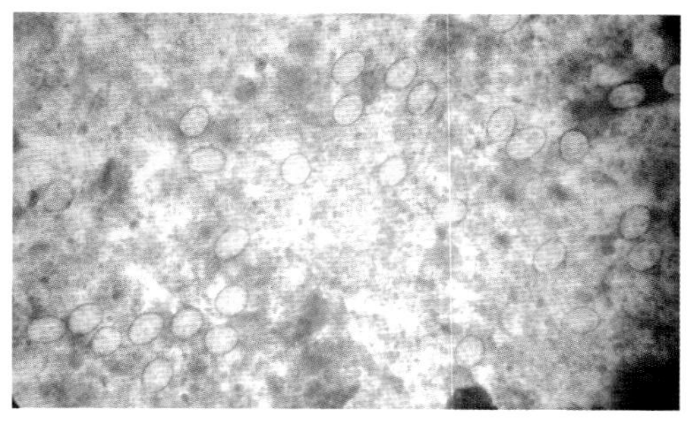
图 5-68　肠内容物或粪便中检出卵圆形黄色虫卵

吸虫的种类。

在临床上，本病易与鸭球虫病、鸭坏死性肠炎、鸭肉毒梭菌毒素中毒等疾病相混淆，需鉴别诊断。鸭球虫病也可导致小肠肿大明显，但内容物以白色糊状物为主，通过对内容物镜检可检出大量月牙形的裂殖子和卵圆形或近圆形的卵囊。鸭坏死性肠炎是一种慢性病，小肠坏死病变一般为弥漫性坏死，而不是局灶性坏死，内容物镜检未能检出吸虫虫体和虫卵。鸭肉毒梭菌毒素中毒会导致鸭出现软颈和软脚症状，发病急，多在采食到腐败动物尸体或蛆后半天内发病死亡。

防治措施

①预防措施：要改放牧饲养为舍饲，不让鸭在饲养过程中接触到相关中间宿主（如麦穗鱼、鲫鱼、鲤鱼、鲢鱼及泥鳅等）。在本病流行地区，对放牧鸭要定期使用广谱抗蠕虫药或抗吸虫药物进行驱虫（放牧后 2~3 天就要驱虫）。若鸭群转移到新的地方放牧，2~3 天后也要驱虫 1 次。

②治疗措施：本病的治疗可选择阿苯达唑、芬苯达唑、吡喹酮等药物。具体用法、用量参见鸭卷棘口吸虫。

（七）鸭背孔吸虫病

鸭背孔吸虫病是由背孔科背孔属中多种背孔吸虫寄生于鸭体内引起的一类寄生虫疾病的总称，常见的有纤细背孔吸虫、锥实螺背孔吸虫等 10 多种。这些背孔吸虫可寄生在鸭体内的盲肠、直肠、小肠及泄殖腔内。

这些背孔吸虫寄生在鸭肠管内导致鸭出现肠炎症状，严重时可导致肠管出现糜烂，最终衰竭死亡。该病在农村放牧鸭中感染率比较高，在雏鸭可导致急性发病死亡。

病原

①纤细背孔吸虫：虫体活时为粉红色，呈叶片状或鸭舌状，前端稍窄且薄，后端钝圆稍厚（图 5-69），大小为（2.22~5.68）毫米 ×（0.82~1.85）毫米。口吸盘位于顶端，近球形，两肠支沿虫体两侧向后延伸，盲端接近

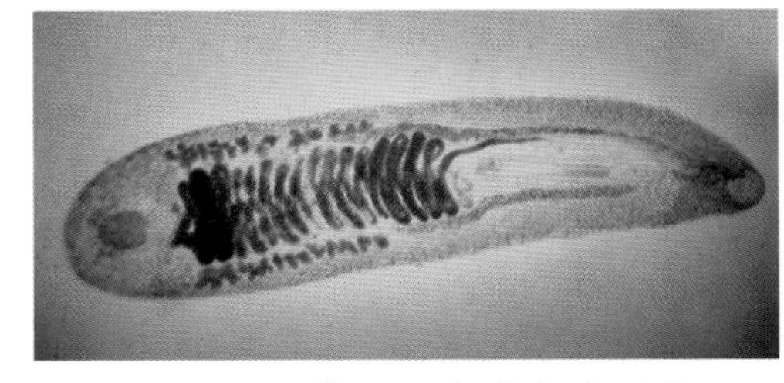

图 5-69　纤细背孔吸虫的虫体形态

虫体末端。虫体腹面具 3 列腹腺，成纵行排列，中列腹腺有 14~15 个，两侧腹腺各 14~17 个，自肠分叉之后不远处开始，各列最后一个腹腺接近虫体末端。睾丸类长方形，内外侧均呈深浅不等的分瓣状，位于虫体后 1/5 处两肠管外侧。雄茎囊呈长袋状或棍棒状，位于虫体前 1/2 处中部，生殖孔开口于肠分叉之后的一定距离，雄茎常伸出生殖孔之外。卵巢呈浅分叶状，位于两睾丸的中部之间。卵黄腺呈不规则的粗颗粒状，位于肠支的外侧，自虫体后 1/3 处向后延伸至睾丸前缘或稍后。子宫环褶左右盘曲于两肠支之间，至虫体中部或稍前方则伸直或呈微波状，子宫末端与雄茎囊并行，开口于雄性生殖孔旁。虫卵小型，大小为（15~21）微米 ×（9~12）微米，两端各有一根长约为 260 微米的卵丝。可寄生在鸡、鸭、鹅的小肠、直肠、盲肠和泄殖腔。

②锥实螺背孔吸虫：虫体扁平，前端稍尖，后端钝圆（图 5-70），大小为（2.67~3.40）毫米 ×（0.720~0.940）毫米。腹腺三纵列，中列 13~14 个，侧列 14~17 个。睾丸 2 个，并列虫体后端，在两肠支外侧，各分 8~12 叶。卵巢分叶，位于两睾丸之间。卵黄腺分布在虫体两侧，起自虫体中部伸延到睾丸前缘。子宫横向盘绕于雄茎囊后部到卵巢的前方。虫卵椭圆形，大小（21~25）微米 ×（14~17）微米，两端各附有一根细长的卵丝（图 5-71）。可寄生在鸡、鸭、鹅的盲肠。

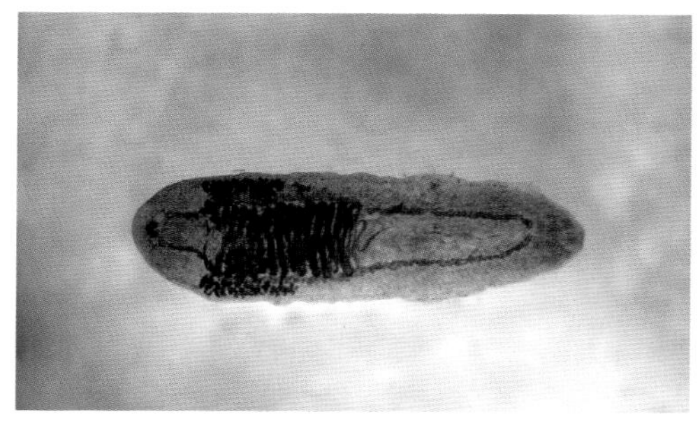
图 5-70　锥实螺背孔吸虫的虫体形态

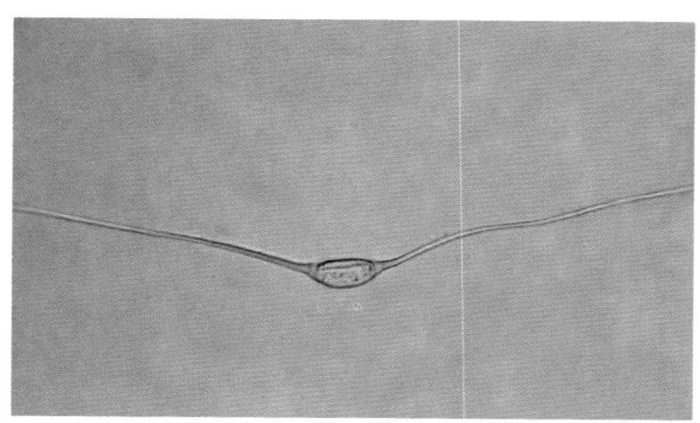
图 5-71　锥实螺背孔吸虫的虫卵形态

流行病学

背孔吸虫的发育只需要 1 个中间宿主。该吸虫的虫卵随着禽类粪便排出体外，在外界适宜的温度下，经过 4 天可孵化出毛蚴。毛蚴侵入中间宿主淡水螺（如折叠萝卜螺、扁卷螺、泥锥实螺、泥泽锥实螺、静水锥实螺、纹沼螺及小土窝螺等，不同种类背孔吸虫的中间宿主淡水螺有所不同）后，经 11 天发育成胞蚴，接着又继续发育为雷蚴和尾蚴。尾蚴自螺体内逸出后2~5天，多数尾蚴在附近的水草或其他物体上形成囊蚴（如浮萍、蕹菜、青萍等），部分尾蚴也可在淡水螺体内形成囊蚴。当禽类吞食了含囊蚴的水草或淡水螺等而被感染，经21天寄生在家禽的靶器官上发育为童虫和成虫。

背孔吸虫的种类繁多，其中以纤细背孔吸虫的分布最广，在我国多数省份都有记录。在不同地区，禽类背孔吸虫的感染种类和感染率与当地家禽饲养方式（放牧、舍饲或半放牧半舍饲）、所饲养家禽品种及中间宿主分布情况有关。据调查，福州地区纤细背孔吸虫感染率为0.19%，感染强度为4~26条；锥实螺背孔吸虫感染率为0.38%，感染强度为22~55条。

临床症状

轻度感染的病鸭一般无明显的症状，只表现消瘦、贫血、背毛粗乱、生长缓慢及轻微的拉稀症状。严重感染时（特别是雏鸭）表现精神沉郁，离群呆立，闭目嗜睡，饮欲增加，食欲减少或废绝，双脚站立不稳，行走蹒跚，软脚或偏向一侧，拉稀明显，粪便呈淡绿色或黄绿色，恶臭，个别可见粪中带血。急性病例的病程多为2~6天，最后因贫血衰竭而死亡。本病在成鸭多为隐性带虫，在雏鸭可急性发病死亡，发病率和死亡率因感染虫体数量而异。

病理变化

本病因为不同虫种所寄生的部位不同而产生各自的病变。其中纤细背孔吸虫可寄生在鸭的小肠、盲肠、直肠及泄殖腔，可见肠管肿大、肥厚，肠内充满粉红色片样虫体（图5-72）及黄褐色内容物，肠黏膜充血、出血；盲肠轻度肿大（图5-73），肠壁糜烂坏死，内容物为黄褐色、恶臭，肠壁及内容物中夹带大量粉红

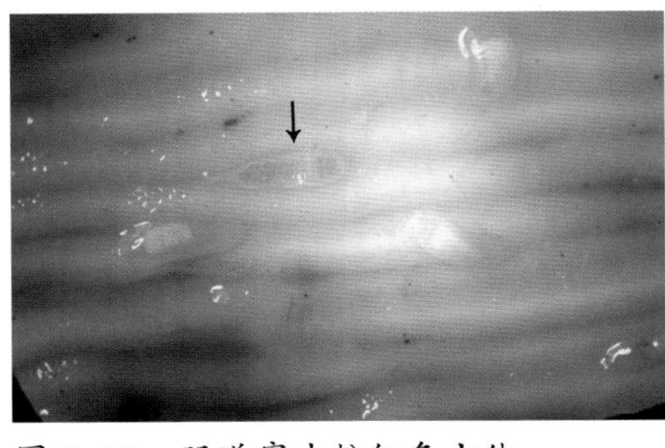

图5-72　肠道寄生粉红色虫体

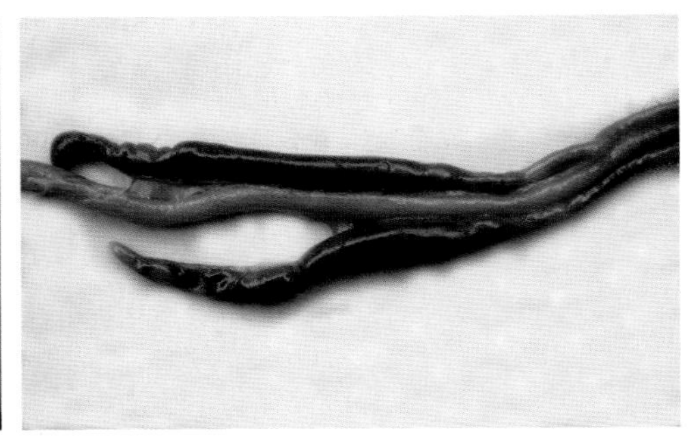

图5-73　盲肠轻度肿大

色小叶样虫体；直肠及泄殖腔也有不同程度的肿胀，直肠黏膜充血、出血；泄殖腔炎症坏死。锥实螺背孔吸虫只寄生在禽类盲肠内，所产生的病变也基本都在盲肠，可见盲肠轻度或中度肿大，肠壁出现糠麸样坏死，内容物为灰褐色、恶臭。其他内脏器官病变不明显。

诊断

根据临床症状和病理变化不易做出诊断。本病的确诊可通过尸体剖检在肠道内检出背孔吸虫，以及在肠道内容物或粪便中检出特征性虫卵（虫卵两端各有一根细长卵丝），并对所检出虫体的形态大小、内部结构进行观测，以确定是哪一种背孔吸虫。在诊断过程中要仔细查看和甄别，一个病例中有可能存在多种背孔吸虫，也有可能存在背孔吸虫与其他寄生虫或传染病并发感染。对并发感染病例还要进行综合分析和诊断，判断发病主因，以便采取相应的防治措施。

防治措施

①预防措施：要改变鸭饲养方式，改放牧饲养为舍饲，不让鸭在饲养过程中接触到中间宿主及含有该虫囊蚴的青萍、浮萍等水生植物。在本病流行地区，要定期使用广谱抗蠕虫药物（如阿苯达唑、芬苯达唑、氯硝柳胺等）对放牧鸭进行驱虫。必要时可施用化学药物消灭中间宿主，以达到预防和控制本病的目的。

②治疗措施：本病的治疗方法可参考鸭卷棘口吸虫的治疗方法。

（八）鸭次睾吸虫病

鸭次睾吸虫病是由后睾科次睾属中的多种次睾吸虫寄生于鸭胆囊、胆管内引起的一类寄生虫病的总称。病原包括鸭次睾吸虫、东方次睾吸虫、企鹅次睾吸虫、台湾次睾吸虫、黄体次睾吸虫等，其中以东方次睾吸虫和台湾次睾吸虫比较常见。这些次睾吸虫寄生在鸭的胆囊和胆管内，导致病鸭出现贫血、下痢、衰竭，甚至死亡，尤其以放牧的产蛋鸭多见。

病原

①东方次睾吸虫：虫体呈叶状，大小为（2.4~4.7）毫米 ×（0.5~1.2）毫米，体表有小棘，口吸盘位于虫体前端，腹吸盘位于虫体前 1/4 中央，睾丸大，2 个，稍分叶，前后排列于虫体后端。生殖孔位于腹吸盘前方。卵巢呈椭圆形，位于睾丸前方。受精囊位于卵巢右侧，卵黄腺分布于虫体两侧，始于肠分叉稍后方，终

于前睾丸前缘。子宫弯曲于卵巢前方，伸达腹吸盘上方，后端止于前睾丸前缘，子宫内充满虫卵。虫卵呈浅黄色，椭圆形，大小为（28~31）微米 ×（12~15）微米，有卵盖，内含毛蚴。

②台湾次睾吸虫：虫体呈香肠状或棍棒状（图 5-74），大小为（2.52~4.55）毫米 ×（0.32~0.42）毫米，虫体表皮有棘（图 5-75），起于体前端，止于睾丸。口吸盘位于虫体前端，腹吸盘呈圆盘状，位于虫体前 1/3 的后部中央。咽呈球形，食道短，两肠支沿虫体两侧向后延伸，终止于后睾之后。睾丸 2 个，位于虫体后 1/6 处，前后排列或稍斜列，呈不规则的方形，边缘有凹陷或浅分叶状（图 5-76）。卵巢呈球状，位于前睾丸的前缘。卵黄腺呈簇状，分布于虫体两侧，前缘起自肠叉与腹吸盘之间，向后延伸至前睾丸前缘为止，每侧 6~8 簇。子宫弯曲于两肠支之间，从卵巢开始到腹吸盘前（图 5-77）。虫卵为淡黄色，前端具有盖，后端有

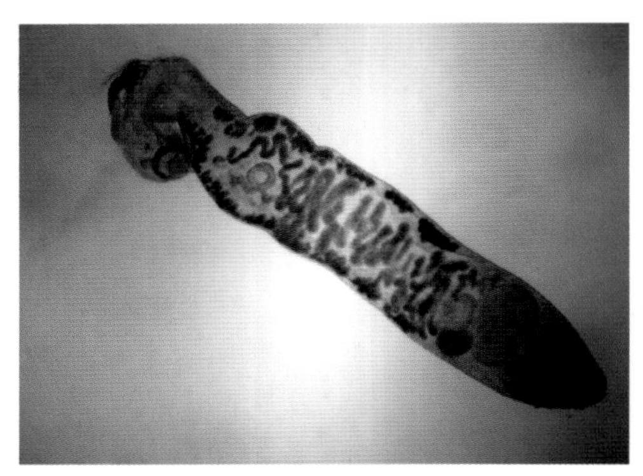
图 5-74　台湾次睾吸虫呈香肠状或棍棒状

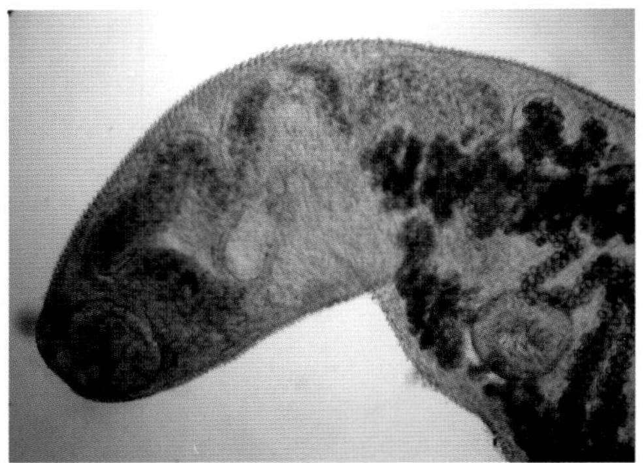
图 5-75　虫体体表有棘

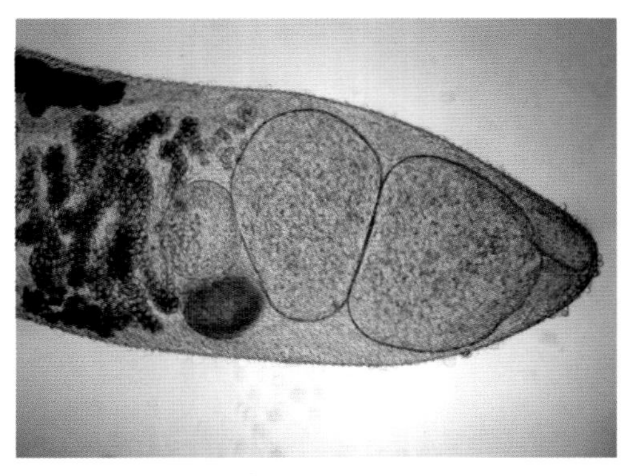
图 5-76　虫体睾丸形态

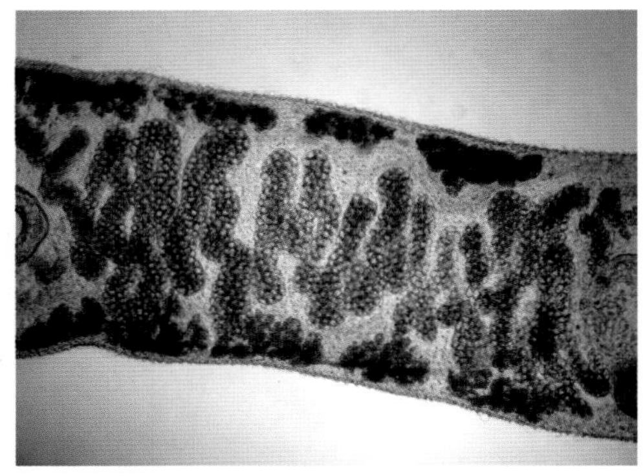
图 5-77　虫体子宫及虫卵形态

一小突起（图 5-78），大小为（23~29）微米 ×（14~16）微米。

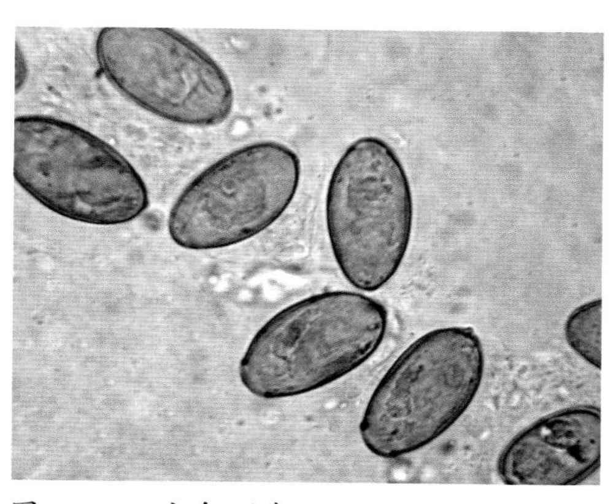
图 5-78　虫卵形态

流行病学

次睾属吸虫的发育一般都需 2 个中间宿主，第一中间宿主为纹沼螺，第二中间宿主为麦穗鱼。但也有一些学者认为次睾属吸虫的第一个中间宿主为赤豆螺。此外，一些学者研究表明，东方次睾吸虫的第二中间宿主除了麦穗鱼外，还有棒花鱼、山东细鲫鱼、花斑次鮈等；台湾次睾吸虫的第二中间宿主除了麦穗鱼外，还有棒花鱼、鲤鱼、黄鳝、泥鳅、美国青蛙、蝌蚪等。

次睾吸虫的发育过程包括虫卵、毛蚴、胞蚴、雷蚴、尾蚴、囊蚴和成虫几个阶段。在水温 17~26℃条件下，纹沼螺食入次睾吸虫虫卵后，虫卵在纹沼螺的肠管内孵化出毛蚴，毛蚴穿过肠壁寄生在纹沼螺肝脏附近的肠壁外侧，继续发育为胞蚴。从虫卵到胞蚴的发育时间需 38 天。在水温 16~33℃条件下，胞蚴再经 50 天进一步发育为成熟的雷蚴，内含尾蚴和胚团。尾蚴从纹沼螺体内逸出后，在水中遇到适宜的鱼类时，以口吸盘吸附在鱼体上，接着体部不断地蠕动而钻入鱼鳞下，并进入肌肉层形成囊蚴。在鱼体内需 30 天时间才能发育为成熟的感染性囊蚴。鸭等终末宿主吞食了含有成熟囊蚴的鱼类后，囊蚴经 16~21 天发育为成虫。整个发育周期至少需要 133 天以上。

次睾吸虫的终末宿主范围较广，家禽中除鸭外，其他禽类如鸡、鹅、鹌鹑等也可作为终末宿主。东方次睾吸虫和台湾次睾吸虫在我国分布都很广泛，许多省份均有这两种吸虫的感染记录。

鸭次睾吸虫病基本上都发生于长期放牧的鸭群，产蛋麻鸭感染率高于肉鸭。一年四季均可发病，但以每年的 8~9 月份感染率最高。感染率高低与鸭群饲养模式、当地河流中间宿主分布情况关系比较大。

临床症状

轻度感染鸭一般不表现临床症状。严重感染时可见患鸭精神萎靡，食欲缺乏，羽毛松乱，两脚无力，消瘦，贫血，下痢，粪便呈水样。个别可因衰竭而死亡。产蛋鸭产蛋率逐渐下降。放牧鸭隐性感染率较高，但死亡率相对较低。发病潜伏期 15~25 天。

病理变化

剖检患鸭可见肝脏肿大，出现脂肪变性，有时肝脏表面会出现坏死结节。胆囊肿大，表面可见一些白色斑点（图 5–79），胆管增生变粗。切开胆囊，可见胆汁变质或消失，在胆汁中可见一些细小的白色虫体在蠕动。小肠有轻度卡他性炎症。其他内脏器官无明显病变。

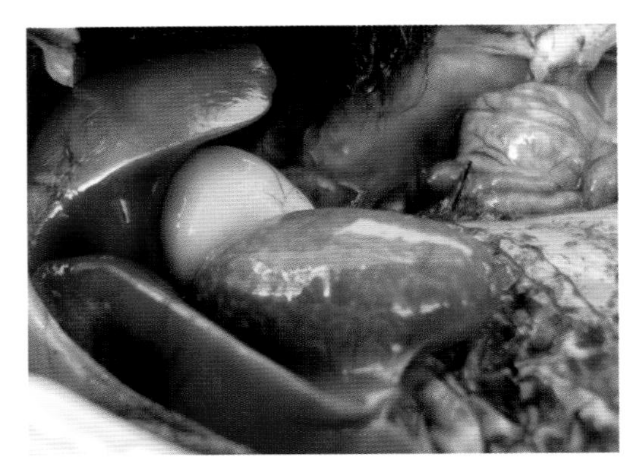

图 5–79　胆囊肿大、表面有一些白色斑点

诊断

单凭临床症状和病理变化很难对本病做出诊断。本病的确诊一方面可通过粪便检查法检出次睾吸虫的虫卵，另一方面可通过剖检患鸭的胆囊和胆管，检出次睾吸虫。要确定是哪一种次睾吸虫，需对虫体进行卡红染色后观测虫体外观形态和内部器官的形态结构后才能确定。此外，还要分析判断次睾吸虫是主要病原还是次要病原，以便采取相应的处理措施。

防治措施

①预防措施：鸭次睾吸虫病是一种被认为严重危害鸭的重要寄生虫病。在预防上，首先要改变饲养方式，提倡圈养，减少放牧饲养，同时要杜绝使用新鲜淡水鱼饲喂。对于有经常在河流、池塘放牧的鸭群，可定期选择广谱抗蠕虫药物进行预防性驱虫。

②治疗措施：本病的治疗也是采用广谱抗蠕虫药（如阿苯达唑，按每千克体重 25 毫克，连用 3 天）或抗吸虫药（如吡喹酮，按每千克体重 10~25 毫克，一次性内服）均有较好效果。此外，对于体质较差的鸭群可在饲料中适当地添加一些多种维生素，提高鸭的抵抗力，对加速病鸭康复有所帮助。

（九）鸭舟形嗜气管吸虫病

鸭舟形嗜气管吸虫病是由舟形嗜气管吸虫寄生于鸭气管、支气管、鼻腔、气囊内引起的一种寄生虫病。

病原

鸭舟形嗜气管吸虫属于盲腔科嗜气管属。虫体呈椭圆形，两端钝圆（图5-80），新鲜的虫体为粉红色，大小为（7~11）毫米 ×（2.5~4.5）毫米，口吸盘退化，有前咽、咽、食道，两肠支沿虫体两侧向后在虫体末端汇合。睾丸 2 个，前后斜列于虫体后 1/5 处，雄茎囊呈袋状，位于肠分支上，生殖孔开口于咽前的体中央。卵巢 1 个呈球形，位于前睾丸的另一侧。卵黄腺沿肠支分布。子宫盘曲在两肠间。虫卵大小为（120~134）微米 ×（65~68）微米，内含毛蚴（图 5-81）。该虫的发育需淡水螺作为中间宿主，虫卵经由鸭粪便排出到外界，在适宜的环境下发育为毛蚴并钻入扁卷螺进一步发育为尾蚴，并在螺体内形成囊蚴。当鸭在放牧时采食到含囊蚴的淡水螺后即被感染，寄生虫的幼虫在鸭气管内发育为成虫。

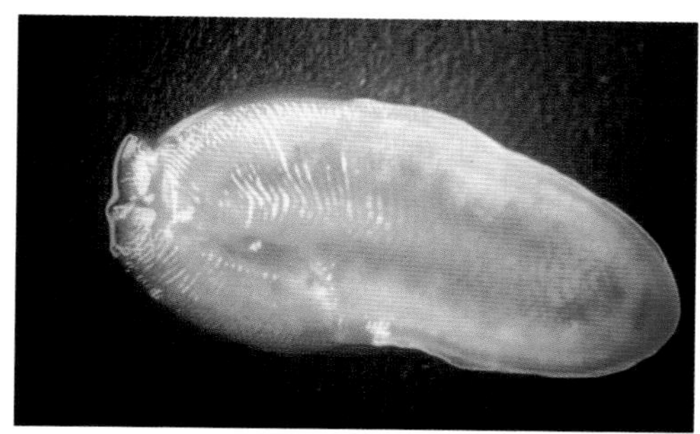

图 5-80　舟形嗜气管吸虫的虫体形态

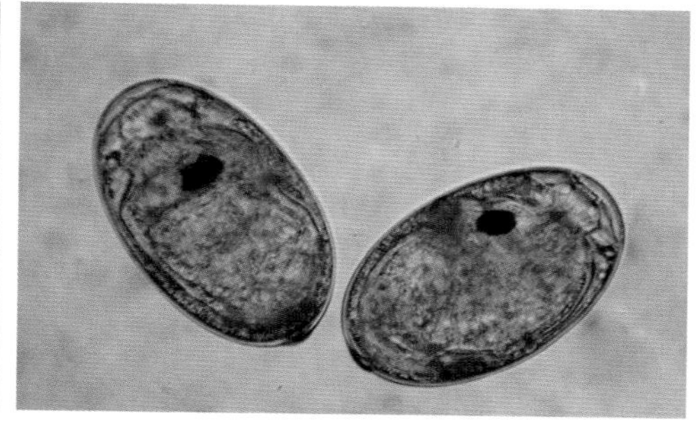

图 5-81　舟形嗜气管吸虫的虫卵形态

流行病学

鸭舟形嗜气管吸虫可感染鸡、鸭、鹅等禽类，各种日龄禽类均可感染，其中较大日龄禽类多见（如产蛋麻鸭或种鸭），主要发生于放牧鸭。全国多数省份均有该虫分布。

临床症状

虫体寄生在鸭气管内，导致鸭出现顽固性咳嗽、气喘、张口呼吸等呼吸道症状，有时可因虫体阻塞气管造成病鸭因窒息而死亡。对生产性能影响不大。

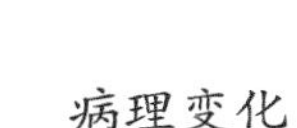

病理变化

剖检可见在病死鸭气管、支气管、气囊及鼻腔内检出粉红色椭圆形虫体（图 5-82），同时可见上呼吸道黏膜充血、出血，以及上呼吸道内充满黏性分泌物。内脏器官无明显病变。

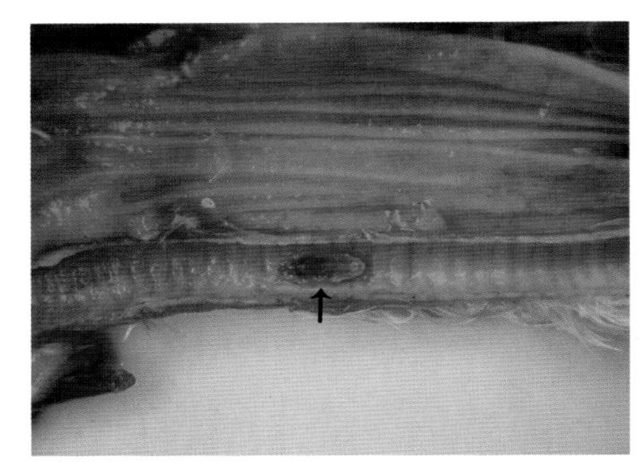

图 5-82　舟形嗜气管吸虫寄生在气管内

诊断

根据临床症状、病理变化及放牧史可做出初步诊断，解剖时在气管等部位检出粉红色虫体，经虫体形态鉴定进行确诊。

防治措施

①预防措施：改放牧饲养为舍内圈养，避免水禽在野外采食到淡水螺。

②治疗措施：病鸭可采用阿苯达唑或吡喹酮进行治疗，连用 3 天。若鸭群有并发呼吸困难，可配合使用红霉素或泰乐菌素进行治疗。

（十）鸭毛毕吸虫病

鸭毛毕吸虫病是由裂体科毛毕属中的多种吸虫寄生在鸭门静脉和肠系膜静脉内引起的一类寄生虫病，又称为鸭血吸虫病。其中在我国已有记录的病原有包氏毛毕吸虫、横川毛毕吸虫、瓶螺毛毕吸虫、中山毛毕吸虫、集安毛毕吸虫、眼点毛毕吸虫、平南毛毕吸虫等。本病分布广泛，流行严重，受到鸟类迁徙影响，防治难度较大。该病一方面可导致患鸭生长障碍，生产性能低下，个别严重的可导致患鸭死亡；另一方面由于该吸虫的尾蚴会侵入人体皮肤引起受感染者出现尾蚴性皮炎，给人们的生产和生活造成很大不便。

病原

毛毕属吸虫呈世界性分布。随着人们研究的不断深入，该属中被发现的吸虫种类逐渐增多，迄今为止，国内外报道的毛毕属吸虫已超过 40 种。其中最常见的为包氏毛毕吸虫。该虫的雄虫大小为（5.21~8.23）毫米 ×（0.078~0.095）毫米，有口吸盘和腹吸盘，上有小刺。抱雌沟简单，沟的边缘有小刺。睾丸呈球形，有 70~90 个，单行纵列，始于抱雌沟之后，直到虫体后端。雄茎囊位于腹吸盘之后，居于抱雌沟与腹吸盘之间。雌虫较雄虫纤细，大小为（3.39~4.89）毫米 ×（0.008~0.012）毫米，卵巢位于腹吸盘后不远处，呈 3~4 个螺旋状扭曲。子宫极短，介于卵巢与腹吸盘之间，内仅含一个虫卵。卵黄腺呈颗粒状，布满虫体，从受精囊后面延至虫体后端。虫卵呈纺锤形，中部膨大，两端较长，其一端有一小沟，大小为（23.6~31.6）微米 ×（6.8~11.2）微米，内含毛蚴。可寄生在鸭、鹅的肠系膜静脉、门静脉。

流行病学

毛毕属吸虫生活史需要 1 个中间宿主，大多数的中间宿主都是椎实螺，包括静水椎实螺、耳萝卜螺、折叠萝卜螺、椭圆萝卜螺、卵萝卜螺、狭萝卜螺、青海萝卜螺、小土蜗螺、截口土蜗螺等。该吸虫的生活史包括虫卵、毛蚴、胞蚴、尾蚴和成虫阶段，无囊蚴阶段。虫卵随着鸭（或鸟类）粪便排到外界环境中，在适宜的温度和光照下，虫卵在水中不久即孵出毛蚴，毛蚴在水中自由游动，不摄食，一般可存活 24 小时。当毛蚴在水中遇到适宜的中间宿主，即侵入螺体内经 4 周时间相继发育为母胞蚴、子胞蚴和尾蚴（图 5-83）。成熟尾蚴离开螺体后游于水中，当遇到鸭子或其他水禽或野鸟，即钻入其体内并随血液循环到达肝脏门静脉和肠系膜静脉内，再经 3~4 周时间发育为成虫。整个发育周期大约需要 2 个月。

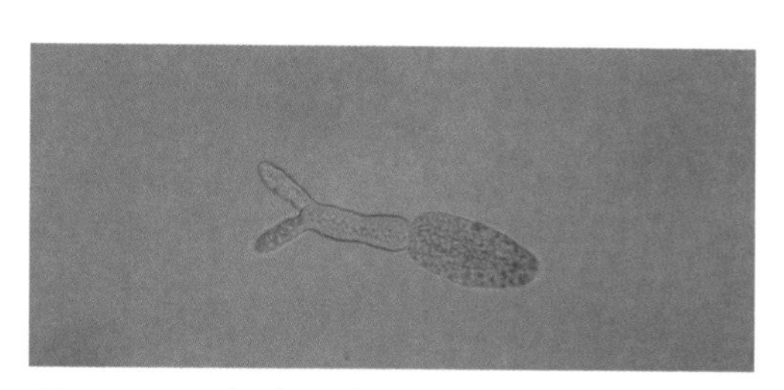

图 5-83　毛毕吸虫的尾蚴形态

毛毕属吸虫有一定的寄主专一性，即某一种毛毕属吸虫有其特定的中间宿主和终末宿主。其国外报道的终末宿主有野鸭、天鹅、红翅山鸟、加拿大鹅、秋沙鸭等，国内报道的终末宿主有家鸭、野鸭、斑嘴鸭、罗纹鸭、绿翅鸭、白眉鸭、赤颈鸭、青头潜鸭等。此外毛毕吸虫的尾蚴也会侵入人体皮肤，导致人们出现尾蚴性皮炎，但不会在人体内发育为成虫。这种情况在我国许多地方都有记录，有的地区称“稻田皮炎”，四川省称“鸭屎疯”，福建省称“鸭怪”等。其使人手足有痒感，并出现丘疹和丘疱疹，严重的可出现溃烂，影响农民的生产劳动。

本病多见于每年的 4~10 月份，其中以 6~8 月份感染率最高。感染率高低与各地鸭群的饲养方式（圈养、放牧、半圈养半放牧）有关，也与当地稻田中的中间宿主分布情况及是否存在毛毕吸虫病原有关，在我国已报道的10多种毛毕吸虫中以包氏毛毕吸虫分布最广，已有十几个省份存在记录。

临床症状

鸭毛毕吸虫病在临床上无特征性症状，主要表现为精神沉郁，食欲缺乏，腹泻，贫血，渐进性消瘦。个别呼吸急迫，体温升高，食欲废绝，极少数可导致死亡。此外，对产蛋麻鸭可导致不同程度的减蛋表现。

病理变化

剖检可见病鸭尸体消瘦，贫血，腹水多，肠黏膜发炎，肠壁上有虫卵小结节，肝脏硬化、表面凸凹不平（图5-84），肝脏表面和切面有多个灰白色虫卵结节，肠系膜静脉和肝脏门静脉管壁增厚。剖开静脉管，可见大量长度5~10毫米、乳白色或淡红色的细小线状虫体。

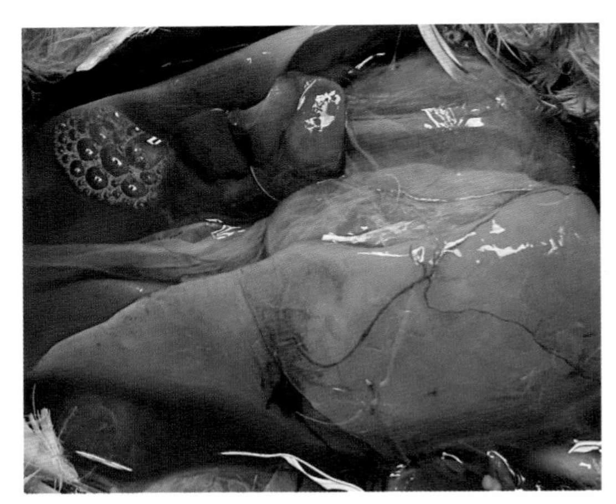

图5-84　肝脏硬化、表面凹凸不平

诊断

本病的确诊需采用粪便水洗沉淀法检出毛毕吸虫的虫卵，并采用鸭门静脉和肠系膜静脉灌注法收集成虫。此外，对病死鸭的肝脏、心脏、肺脏、肠壁内虫体和虫卵结节进行病理切片观察也可诊断。

防治措施

①预防措施：本病分布广泛，流行严重，受到鸟类迁徙影响，总的来说预防难度很大。毛毕吸虫的中间宿主为椎实螺，每年春夏两季会大量繁殖产卵，可以考虑结合农业生产，施用农药或化肥（如氨水、氯化铵、碳酸氢铵）等杀灭椎实螺等中间宿主，减少或阻断本吸虫的幼虫发育过程。在本病的流行地区，应建议养殖户对饲养鸭实行圈养或尽量减少到水沟、稻田放养鸭子。

②治疗措施：到目前为止，对本病治疗暂无理想药物。可试用吡喹酮（按每千克体重30毫克，连用3天）或硝硫氰胺（按每千克体重60毫克，连用3天）

有一定效果。此外，选用青蒿琥酯（按每千克体重60毫克，肌内注射，连用3天），也有一定的防治效果。

（十一）鸭凹形隐叶吸虫病

鸭凹形隐叶吸虫病是由异形科隐叶属中的凹形隐叶吸虫寄生于鸭小肠内引起的一种寄生虫疾病。该吸虫与异形科中其他吸虫的生活模式及生物学特性十分相似，成虫可寄生在人体、家禽与野生的哺乳动物及食鱼鸟类的肠管内，被寄生的宿主比较多，分布也较广。本病可导致放牧鸭出现肠炎症状，严重时出现肠壁坏死而死亡。

病原

虫体很小，体表有棘，呈卵圆形或仙桃形，前端稍尖，后端底部略凹（图5-85至图5-87），大小为（0.28~0.88）毫米 ×（0.41~1.10）毫米。口吸盘呈圆形。腹吸盘较小，位于肠叉后方。有前咽、咽和食道。两肠支发达，可伸达两睾丸后方的底部。睾丸2个，呈圆形或稍分叶，对称排列于虫体后部。卵巢呈圆形或稍分叶，位于两个睾丸中间之前。有明显的生殖吸盘，位于腹吸盘后方。子宫短，内有大量虫卵。卵黄腺分布于虫体两侧及肠支内侧，前起于肠叉，后止于虫体末端。虫卵很小，表面粗糙，一端有卵盖，大小为（27~38）微米 ×（16~22）微米（图5-88）。

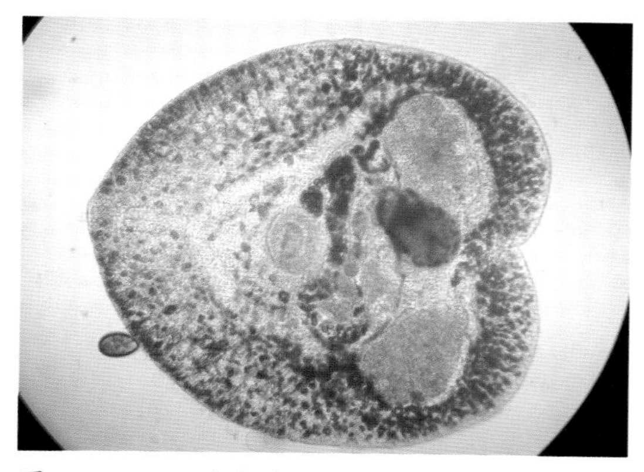

图5-85 凹形隐叶吸虫的虫体形态（活体）

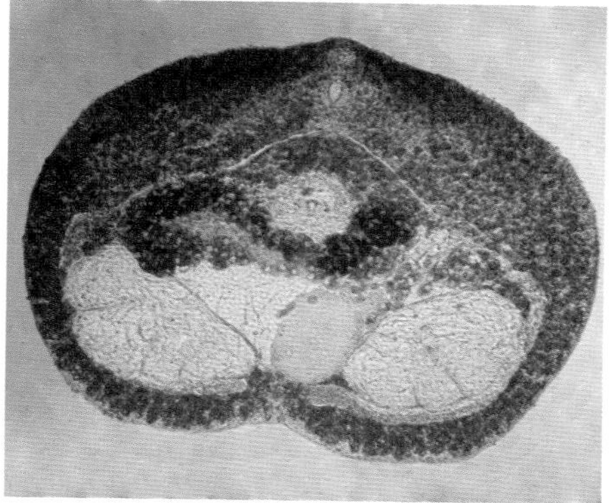

图5-86 凹形隐叶吸虫的虫体形态

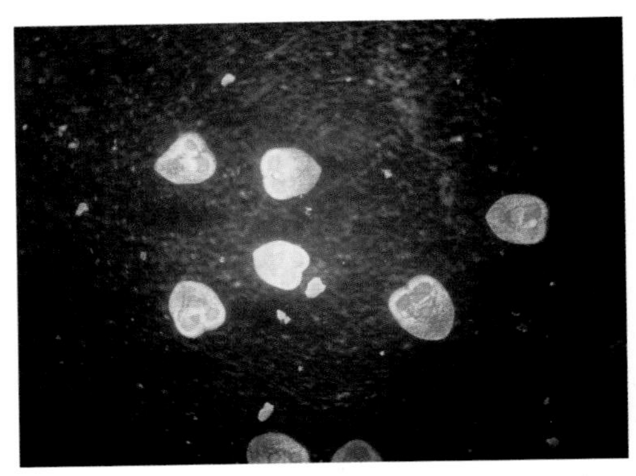

图 5-87　凹形隐叶吸虫在体视显微镜下的形态

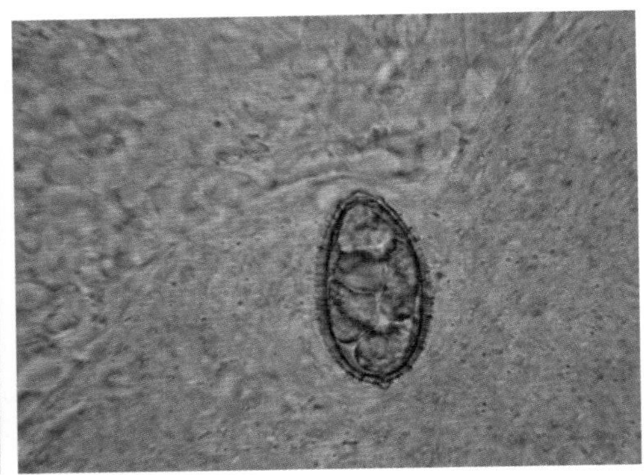

图 5-88　凹形隐叶吸虫的虫卵形态

流行病学

鸭凹形隐叶吸虫的发育一般需要 2 个中间宿主，第一宿主为淡水螺（如赤豆螺、长溪螺、纹沼螺），第二中间宿主为鱼类（如泥鳅、幼蝶、刺鱼、鲤鱼、银汉鱼、鰕虎鱼、羊头鱼等）。

鸭凹形隐叶吸虫在外界的发育过程还不十分明确，其中，虫卵在适宜的外界条件下孵出毛蚴；毛蚴进入第一中间宿主体内经过一段时间发育为胞蚴、雷蚴和尾蚴；尾蚴逸出螺体，在水中遇到第二中间宿主鱼类，即侵入其皮肤、鳃、肌肉内结成囊蚴。鸭吞食到含有成熟囊蚴的鱼类后，经过24小时在鸭小肠内发育为成虫。

鸭凹形隐叶吸虫与其他异形科吸虫一样，终末宿主比较多。除鸭以外，还可寄生于人体、家猫与野生哺乳动物，以及食鱼鸟类的肠管内。本病无明显的季节性，但多见于每年的下半年，以放牧鸭多见。

临床症状

急性病例在家鸭放牧野外（如稻田或水沟）后第 2~3 天即可发病。表现为部分鸭出现精神沉郁，拉黄白色稀粪，脱水，消瘦，鸭喙苍白，几天后部分病鸭可因脱水而死亡。慢性病例病程可持续 10~20 天或更长，最终衰竭而死亡。

病理变化

剖检病死鸭可见尸体脱水明显，小肠中后段肿大异常（图 5-89），切开肠壁可见卡他性肠炎，肠内容物为水样，肠黏膜充血、出血。病程稍长的病死鸭，可见小肠肿大异常明显，肠壁表面有不同程度的坏死病变（图 5-90），内含有

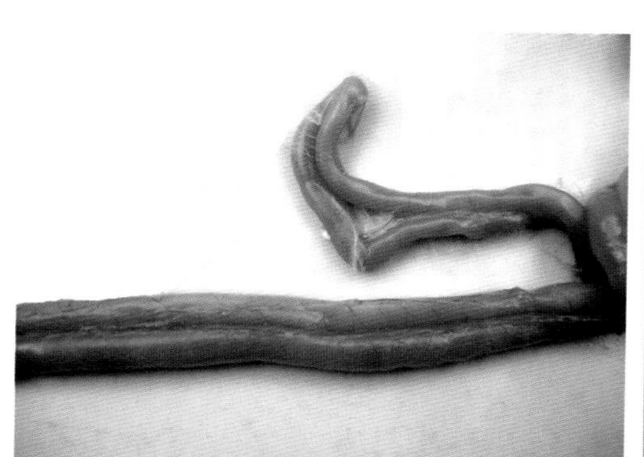

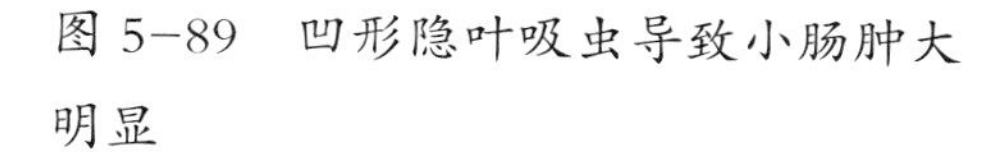

图 5-89　凹形隐叶吸虫导致小肠肿大明显

图 5-90　凹形隐叶吸虫导致小肠肠壁坏死

干酪样内容物。其他内脏器官病变不明显。

诊断

单凭临床症状和病理变化很难做出诊断。本病的确诊很大程度上需依赖于实验室的检查。按照寄生虫学完全剖检法对病死鸭进行全面检查，在小肠内或肠壁上检出本虫体（由于虫体小，需借助显微镜下观测）即可诊断，严重病例每只鸭可检出 1000~2000 个虫体；另一方面对鸭粪便及后段肠管内容物进行虫卵检查，检出特征性虫卵也可确诊。

防治措施

①预防措施：在预防上，要改变鸭的饲养方式，改放牧为舍饲。在平常舍饲过程中不要喂未经过处理的新鲜鱼类，对于经常放牧的鸭群，要定期使用广谱抗蠕虫药物进行预防性驱虫。

②治疗措施：本病的治疗可选用阿苯达唑（按每千克体重 10~25 毫克，连用 2~3 天），或芬苯达唑（按每千克体重 10~25 毫克拌料，连用 2~3 天）均有较好的效果。必要时配合使用肠道消炎药（如硫酸新霉素、氟苯尼考等），可加快肠道炎症修复。

（十二）鸭膜壳绦虫病

鸭膜壳绦虫病是由膜壳科多个属中众多种类绦虫寄生在鸭肠道内引起的一大类寄生虫病的总称。其中常见的病原有膜壳属中的美丽膜壳绦虫、双盔属中的冠状双盔绦虫、剑带属中的矛形剑带绦虫、缝缘属中的片形缝缘绦虫、单睾属中的福建单睾绦虫等。不同种类的膜壳绦虫形态差异较大，它们的生活史及流行病学也略有不同。本病在世界范围内分布广泛，在我国的许多地方都呈地方性流行，对放牧鸭危害严重，个别可导致发病死亡。

病原

①美丽膜壳绦虫：虫体长度为30~45毫米，全部节片的宽度大于长度。头节圆形，较大（图5-91），吻突较短，上有吻钩8个（图5-92）。吸盘有4个。睾丸3个，呈圆形或椭圆形，呈直线排列于节片下边缘（图5-93）。卵巢呈分瓣状，位于3个睾丸上方。虫卵呈卵圆形（图5-94），大小为23微米 ×16微米。可寄生在鸭等禽类小肠内。

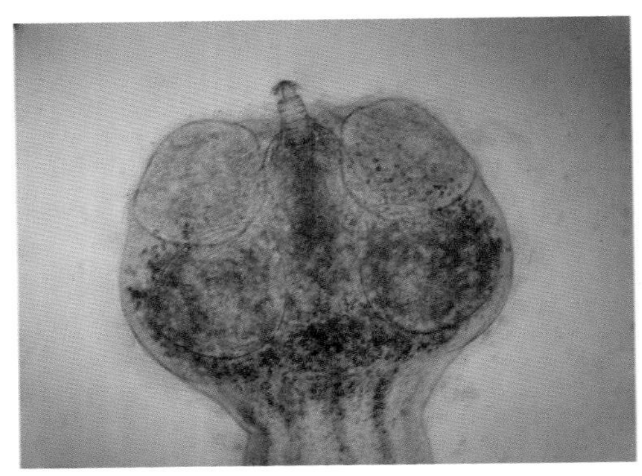

图5-91　美丽膜壳绦虫的头节形态

图5-92　美丽膜壳绦虫头节上吻钩形态

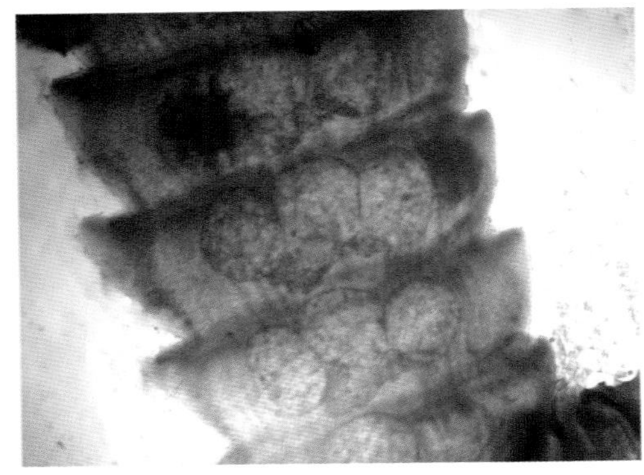

图5-93　美丽膜壳绦虫睾丸形态

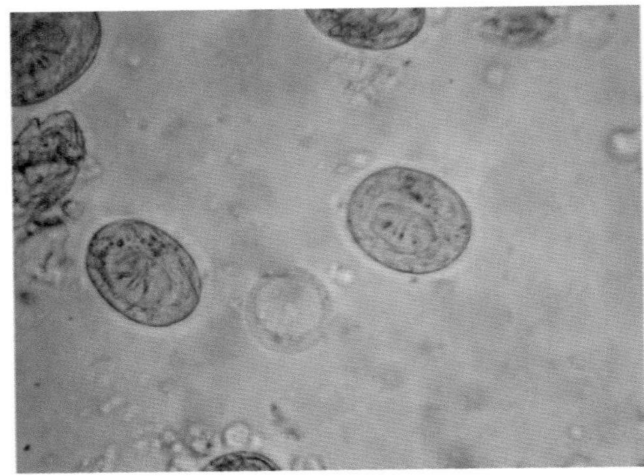

图5-94　美丽膜壳绦虫的虫卵形态

②冠状双盔绦虫：虫体长度为85~252毫米（图5-95），最大宽度为3.5毫米。头节细小，吻突多伸出体外，吻钩有18~22个并形成冠状（图5-96、图5-97）。吸盘4个，呈圆形或椭圆形。生殖孔开口于虫体一侧节片的边缘中部。睾丸3个，1个位于生殖孔侧，另2个位于其反侧，排成三角形，雄茎粗壮，有小棘。卵巢分瓣呈扇形，位于节片中央。六钩蚴呈卵圆形，大小为（16~23）微米 ×（14~15）微米。可寄生在鸭等禽类小肠、盲肠内。

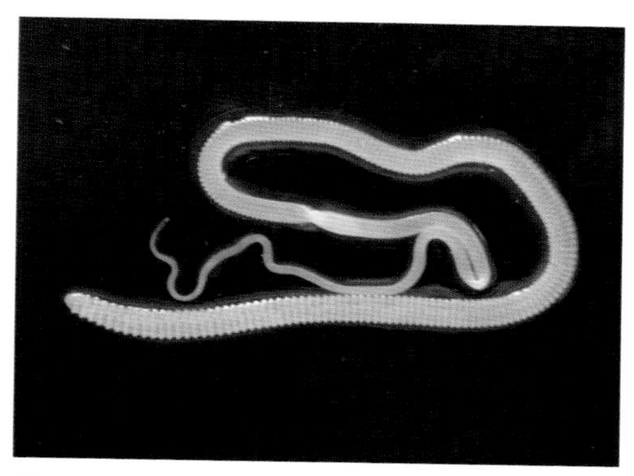
图5-95　冠状双盔绦虫的虫体形态

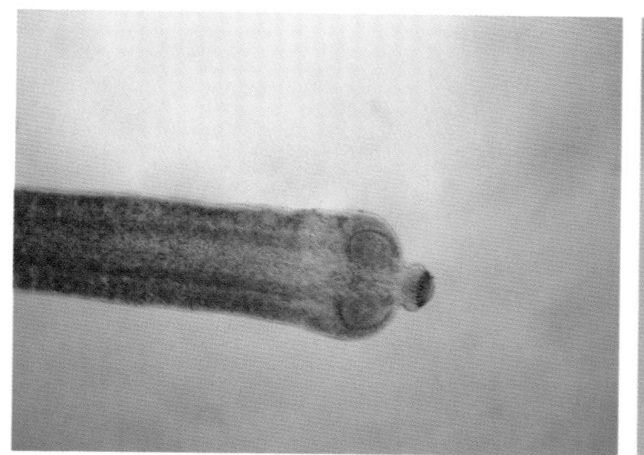
图5-96　冠状双盔绦虫的头部形态

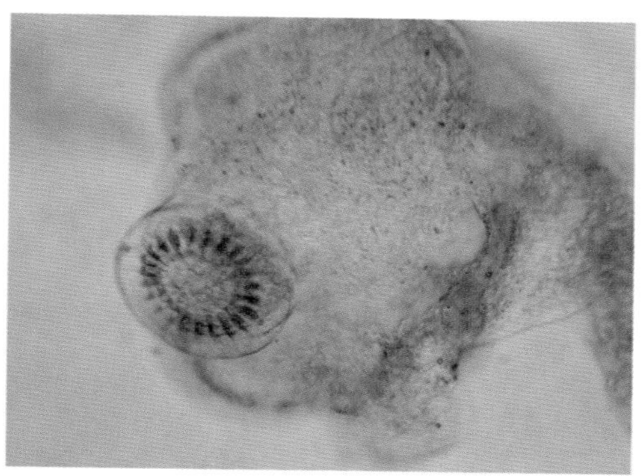
图5-97　冠状双盔绦虫吻钩形态

③矛形剑带绦虫：虫体呈乳白色，前窄后宽，形似矛头（图5-98），长达130毫米，由20~40个头节组成。头节小，头上有4个吸盘，顶突上有8个吻钩，颈短。睾丸3个，呈椭圆形，横列于卵巢内方生殖孔一侧。生殖孔位于每一节片上角的侧缘。卵巢呈棒状分支，左右两半，位于睾丸和

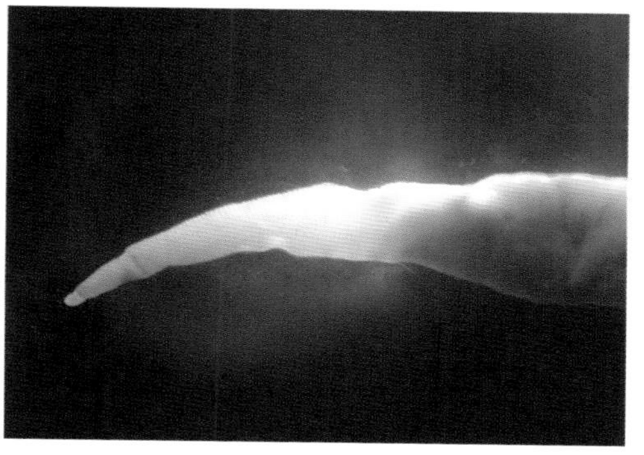
图5-98　矛形剑带绦虫的虫体形态

生殖孔的对侧。虫卵呈椭圆形，大小为（101~109）微米 ×（82~84）微米。可寄生在鸭等禽类小肠内。

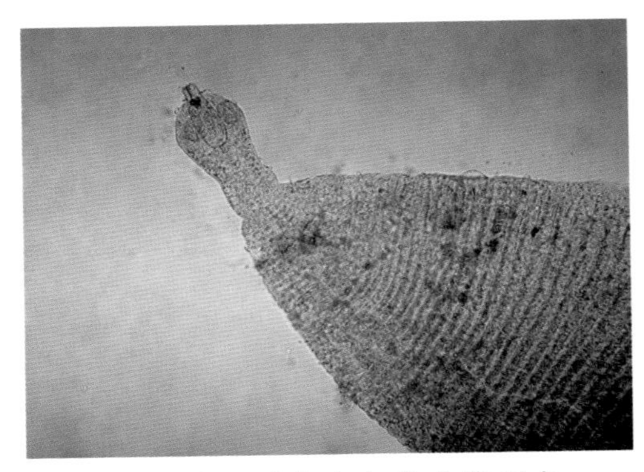

图 5-99　片形缝缘绦虫真头节形态

④片形缝缘绦虫：本虫属于大型绦虫，长度为 200~400 毫米、宽 2~5 毫米。真头节较小（图 5-99），易脱落，上有 4 个吸盘，吻突上有 10 个吻钩。真头节后有一个很大、呈皱褶状的假头（实际为附着器）（图 5-100），大小为（1.9~6.0）毫米 ×1.5 毫米。睾丸 3 个，卵圆形。卵巢呈网状分布，串联于全部成熟节片。子宫也贯穿整个链体，孕节片内的子宫为短管状，管内充满虫卵（单个排列）。虫卵为椭圆形，两端稍尖，外有一层薄而透明的卵囊外膜（图 5-101），大小为 131 微米 ×74 微米，内含有六钩蚴。可寄生在鸭等禽类小肠内。

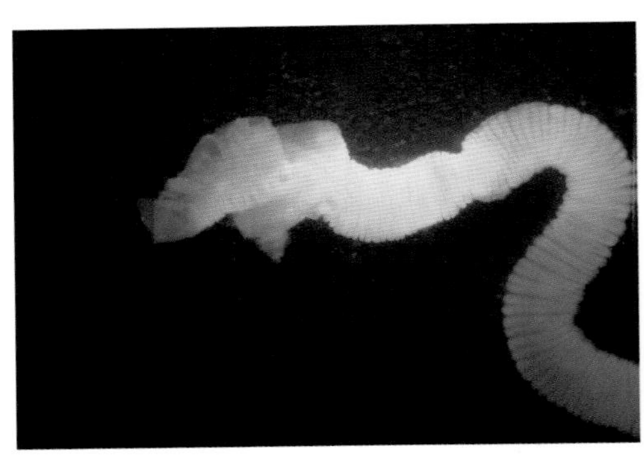

图 5-100　片形缝缘绦虫假头节形态

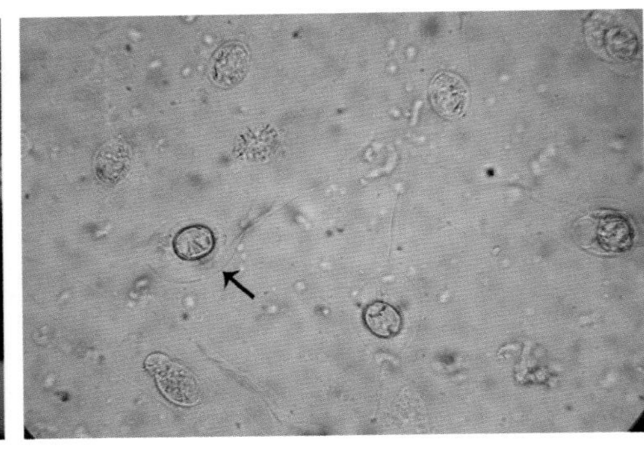

图 5-101　片形缝缘绦虫的虫卵形态

⑤福建单睾绦虫：虫体长度为 31~110 毫米，节片全部宽度大于长度。头节呈椭圆形，大小为（0.337~0.463）毫米 ×（0.272~0.302）毫米。吻突常伸出头外（图 5-102），也有留在头节内。吻突上有 10 个吻钩。吸盘 4 个，呈圆形或椭圆形，上有许多小棘。睾丸 1 个，呈圆形或椭圆形，位于节片中央，生殖孔对侧。卵巢呈囊状，分成三瓣位于节片中央。孕节片内的子宫呈囊状，内含大量虫卵。虫卵呈长椭圆形，内含六钩蚴，大小为（70~81）微米 ×（36~41）微米（图 5-103）。

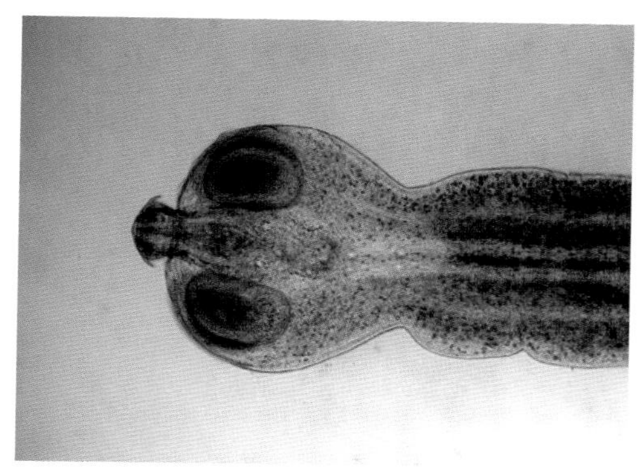

图 5-102　福建单睾绦虫的头节及吻突形态

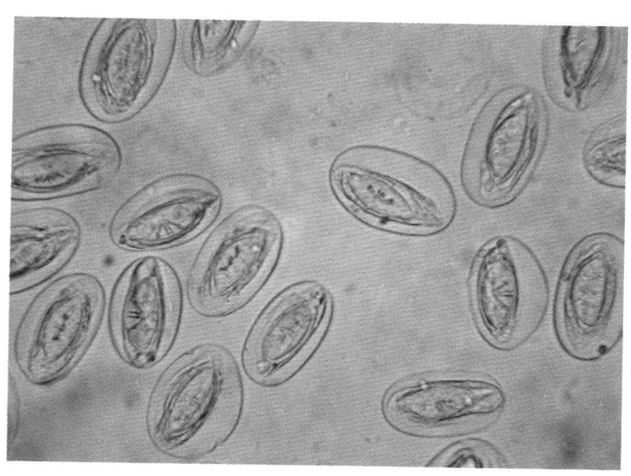

图 5-103　福建单睾绦虫的虫卵形态

可寄生在鸭、鹅的小肠内。

流行病学

膜壳科绦虫的发育一般只需要 1 个中间宿主。但不同属绦虫的中间宿主及其生活史有所不同。其中膜壳属绦虫的中间宿主为食鱼的甲虫和一些小的甲壳类与螺类，虫卵在中间宿主体内，在 14~18℃的室温条件下，经 18~20 天发育为成熟的似囊尾蚴，终末宿主吞食了含似囊尾蚴的中间宿主后，经 30 天左右发育为成虫；双盔属绦虫的中间宿主为哈氏肥壮腺介虫和无偶肥壮腺介虫，虫卵在中间宿主体内，在 24~30℃（平均 27℃）室温条件下，经 9~10 天发育为成熟的似囊尾蚴，鸭吞食了含似囊尾蚴的中间宿主后，经 30 天发育为成虫，并排出成熟的孕节片；剑带属绦虫的中间宿主为剑水蚤，虫体的发育过程与膜壳属绦虫的发育过程类似；缝缘属绦虫的中间宿主为跷足类，包括普通镖水蚤和剑水蚤，虫卵在中间宿主体内，经 18~20 天发育为成熟的似囊尾蚴，鸭吞食了含似囊尾蚴的中间宿主后，平均 16 天可发育为成虫。

膜壳科绦虫的种类繁多，分布广泛，终末宿主的种类也很多。据记载，能够寄生在鸭体内的膜壳科绦虫有 64 种。不同品种的膜壳科绦虫，其分布范围也不同，有些种类（如冠状双盔绦虫、矛形剑带绦虫、片形縫缘绦虫等）在全国多数省份都有记录，有些种类（如秋沙鸭双睾绦虫、黑龙江縫缘绦虫）只有少数省份有记录。多数种类的膜壳科绦虫可同时感染鸭、鸡、鹅及一些野生鸟类，少数种类只寄生在鸭体内，少数也可寄生于鼠类。本病呈世界性分布，多为散发，偶成地方流行性。

鸭感染膜壳科绦虫的种类及感染率、感染强度，与所在不同地区、不同饲养方式、不同季节有关。一般来说，放牧鸭的感染率比较高，而圈养鸭的感染率比较低；有采食到青萍、水浮莲及夹带水生动物青草的鸭子，其感染率高；一年四季均可感染，但夏秋两季的感染率比较高，冬春季节感染率相对较低。此外不同种类的膜壳科绦虫可同时并发感染，也常见膜壳科绦虫与其他种类寄生虫混合感染；各种日龄鸭均可感染，其中以幼鸭最易感，发病程度比较严重，而成年鸭多为隐性带虫者。

临床症状

在少量感染时，鸭一般无明显的症状表现。严重感染时，可导致病鸭消瘦、贫血、食欲缺乏、消化不良，并有拉稀表现。粪便时常夹带白色的绦虫节片，有时可见白色带状虫体悬挂在肛门上，鸭群中其他鸭子会相互争啄这些虫体。极个别病鸭可因绦虫阻塞小肠造成急性死亡，尤其以幼鸭多见。

病理变化

病死鸭可视黏膜苍白，小肠肿大明显。切开小肠可见有乳白色扁平的绦虫寄生（图 5-104），有些种类的绦虫比较小或绦虫的童虫比较小，易与肠内容物相混淆，肉眼不易看见。此外，可见患鸭出现卡他性肠炎，肠壁有充血和出血病变。不同种类的膜壳科绦虫可寄生在小肠的前段、中段、后段或与大肠交界处的肠壁内侧上。

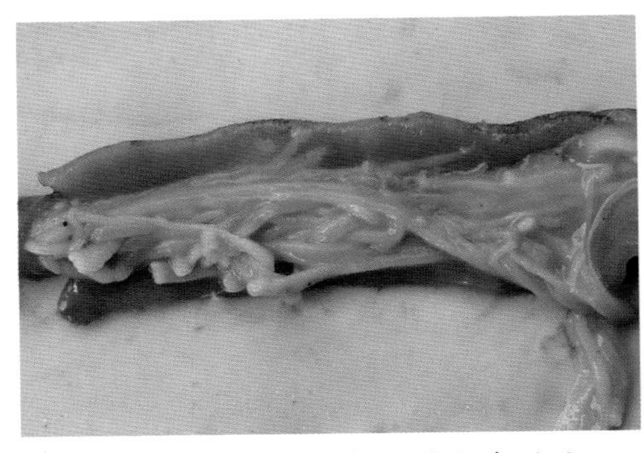

图 5-104　小肠内检出大量白色绦虫

诊断

本病的确诊有赖于对肠道内的绦虫进行采集、固定并制片后进一步观测才能完成。虫体采集时，为了保证虫体完整，勿用力猛拉，而应将附有虫体的肠段剪下，连同虫体一起浸入水中，经 5~6 小时后，虫体会自行脱落，体节也会自行伸直。将收集到的虫体，浸入苏氏固定液或 70% 酒精或 5% 甲醛溶液中固定后，进一步测量其大小和观察头节、节片，必要时还要采用染色并制片成标本后进一步

观察。在观测虫体时，特别要测量虫体大小、头节形态、节片中生殖器官和虫卵形态，以确定属于哪一种绦虫。有时存在 2 种或 2 种以上膜壳科绦虫并发感染或与其他蠕虫混合感染，要加以鉴别诊断。

防治措施

①预防措施：在预防上，要改变鸭饲养方式，改放牧为舍饲，不让鸭在饲养过程中接触到中间宿主或含中间宿主的青萍、浮萍等水生植物等。鸭场的饮用水或栖戏水池不应含有中间宿主。对经常放牧的鸭群，可定期使用氯硝柳胺、吡喹酮、阿苯达唑、氢溴酸槟榔碱等驱虫药进行驱虫。

②治疗措施：本病的治疗可选用氯硝柳胺（按每千克体重 50~100 毫克），吡喹酮（按每千克体重 10~25 毫克），阿苯达唑（按每千克体重 20~25 毫克），氢溴酸槟榔碱（按每千克体重 1.0~1.5 毫克）等药物。驱虫后要对粪便进行堆积发酵处理，以消灭粪便中的虫卵。

（十三）鸭台湾鸟龙线虫病

鸭台湾鸟龙线虫病是由龙线科鸟龙属中的台湾鸟龙线虫寄生在鸭皮下组织引起的鸭一种寄生虫疾病。本病主要分布于印度、北美及我国的台湾、福建、广东、广西、重庆、江苏、安徽、浙江、贵州、云南等地，主要侵害雏鸭，感染率较高，严重时可造成病鸭死亡，对养鸭业危害较大。

病原

虫体细长，角皮光滑，有细横纹，白色。头端钝圆。口周围有角质环，并有 2 个头感器和 14 个头乳突。雄虫长 6 毫米，尾部弯向腹面，交合刺 1 对，引器呈三角形。雌虫长度达 100~240 毫米，尾部逐渐变尖细，并向腹面弯曲，末端有一个小圆锤状突起。雌虫体内的大部分空间为充满幼虫的子宫所占据。幼虫纤细，白色，长 0.39~0.42 毫米，幼虫脱离雌虫后迅速变为被囊幼虫。被囊幼虫长度为 0.51 毫米，尾较长，尾端尖。

流行病学

本虫属于胎生。成虫寄生于鸭头部等皮下结缔组织中，缠绕成团，并形成大小如指头的结节。随着病情发展，鸭患部皮肤变得非常薄，最终被病变组织中的雌虫头部所穿透。当虫体的头部外露时，虫体断裂，雌虫腹中的幼虫流出，呈现乳白色液体（内含大量活跃的幼虫）。鸭子在水田中放牧时，大量的幼虫随破溃的创口进入水中，随即被水田中的剑水蚤吞食，并在其体内经过 20 多天、3 期幼虫发育而成为感染性幼虫。当含有感染性幼虫的剑水蚤被鸭子吞食后，感染性幼虫进入鸭肠腔，并在鸭体内移行，最终到达鸭子的腮、咽、喉、眼、腿等处的皮下，经过 20 多天再进一步发育为成虫。排出幼虫后的雌虫尸体残留在患鸭皮下，最后患部出现局部坏死并随宿主皮肤一起脱落。

本病的发生与地域、气候及中间宿主有关。一年当中主要发生于 5~10 月份，其中以 7~9 月份为发病的高峰期。本病具有明显的地域性，可形成地方流行性。近年来，随着化学农药和化肥的广泛应用，中间宿主剑水蚤数量急剧下降，本病的发生也逐渐减少。本病多见于 3~8 周龄的雏鸭，成年鸭未见发病。各品种鸭均可发生，多见于产蛋麻鸭，此外，野鸭、鹅、鹭类也可感染发病。

临床症状

本病的潜伏期约为 1 周，病鸭表现消瘦，生长缓慢。最明显的症状是腮、下颌及头部等部位肿胀（图 5-105 至图 5-107），初时变硬，为蚕豆到雀蛋大小，几天后逐渐变软，皮肤呈青紫色。若发生在腮部和咽部，局部肿胀会压迫气管、食道及附近血管与神经导致病鸭呼吸和吞咽困难，声音嘶哑；

图 5-105　病鸭腮部肿胀

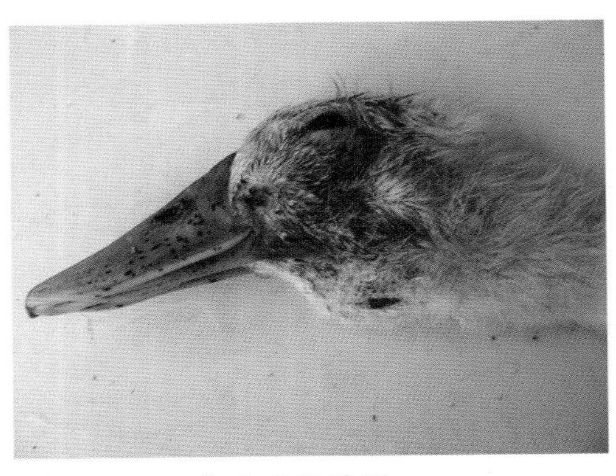

图 5-106　病鸭下颌肿胀

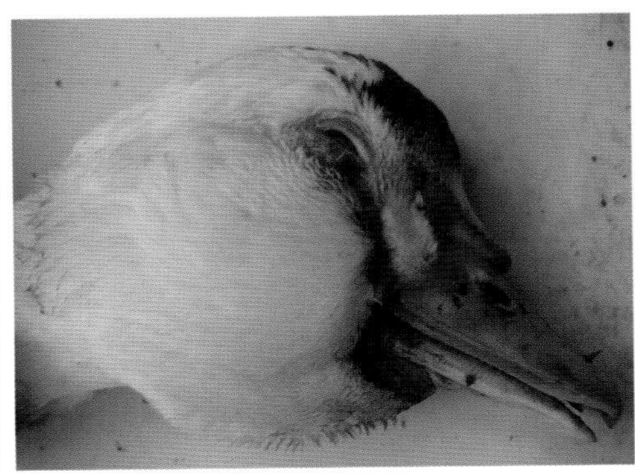

图 5-107　病鸭头部肿胀

若发生在颚下（多见），局部皮肤肿胀明显，向上可压迫眼睛导致结膜炎或瞎眼；有时发生部位也会出现在腿部，导致病鸭不能站立；有时病变还会出现在颈部、泄殖腔、翅膀等部位，随着病情发展，局部皮肤出现破溃，流出乳白色液体，肉眼可见创面有虫体活动的痕迹或虫体残留断片。感染率 2%~100%，个别严重病例在症状出现后 10~20 天死亡，死亡率为 10%~40%。一些病鸭耐过后发育迟滞。

病理变化

病死鸭消瘦，可视黏膜苍白，患部皮肤呈青紫色。切开患部皮肤，流出凝固不全的血水和白色液体，在局部病变组织内可见缠绕成团的虫体。康复后，病变局部组织逐渐被吸收，留有黄褐色胶样浸润，有时可见局部皮肤和皮下组织发红或暗红。

诊断

根据流行病学、症状、病理变化可做出初步诊断。确诊应对局部流出的乳白色液体进行镜检，可检出大量丝状幼虫；此外在病变局部皮下组织可检出缠绕成团的成虫（图 5–108），数量多不胜数。至于虫体是台湾鸟龙线虫还是四川鸟龙线虫，有待于对虫体进行形态结构鉴定。

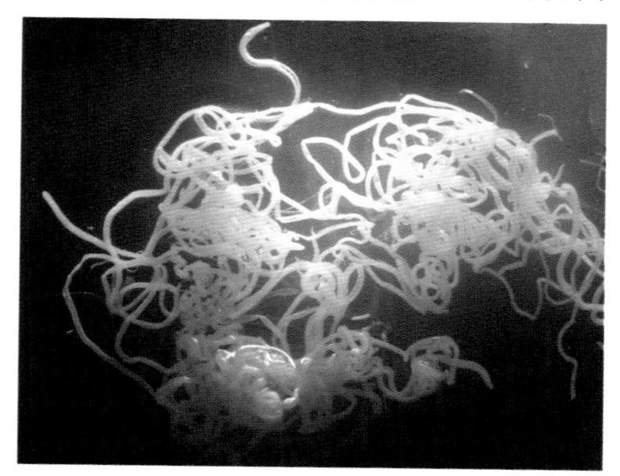

图 5–108　局部皮下组织检出缠绕成团的成虫

防治措施

①预防措施：在本病流行地区，要加强雏鸭的饲养管理。在流行季节尽可能不到水田中放牧，杜绝雏鸭接触到本病的中间宿主剑水蚤。有条件的地方可对农田施用农药或化肥（如石灰、石灰氮）来杀灭中间宿主和幼虫。

②治疗措施：个别病鸭可用 1% 碘酊溶液或 0.5% 高锰酸钾溶液对患部结节进行局部注射，每个结节注射 0.5~2 毫升，可杀死成虫和幼虫，注射后结节在 10 天内可逐渐消失。此外全群鸭可用盐酸左旋咪唑（按每千克体重 15 毫克）进行拌料或饮水治疗，每天 1 次，连用 2 天，也有一定效果。

（十四）鸭蛔虫病

鸭蛔虫病是由禽蛔科禽蛔属中的鸡蛔虫寄生于鸭小肠内引起的一种寄生虫病。

病原

鸡蛔虫属于禽蛔科禽蛔属。虫体较大，呈细长条状（图 5-109），头端有 3 片唇（图 5-110）。雄虫大小为（26~70）毫米 ×（1.3~1.5）毫米，雌虫大小为（65~110）毫米 ×（1.4~1.5）毫米。雄虫尾端有明显的尾翼（图 5-111），并有一个圆形或椭圆形的肛前吸盘，有尾乳突 10 对，交合刺 1 对。雌虫尾部较尖（图 5-112），阴门部开口于虫体部，肛门距尾端 1.3 毫米。虫卵呈椭圆形（图 5-113），大小为（70~90）微米 ×（47~51）微米，壳厚而光滑，新排出的虫卵内含单个胚细胞。

图 5-109　蛔虫的虫体较大，呈细长条状

图 5-110　虫体头端有 3 片唇

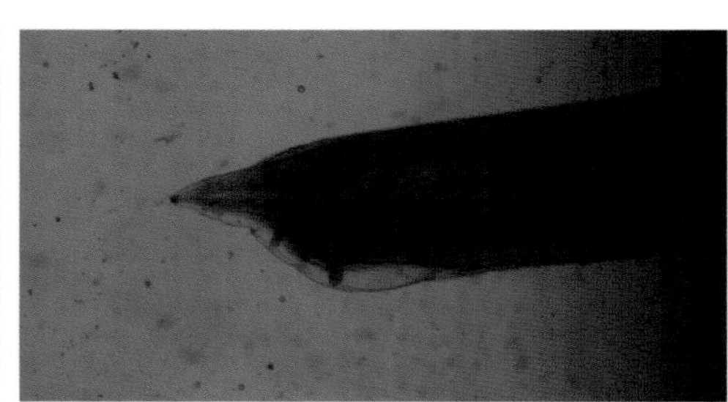
图 5-111　雄虫尾端有尾翼

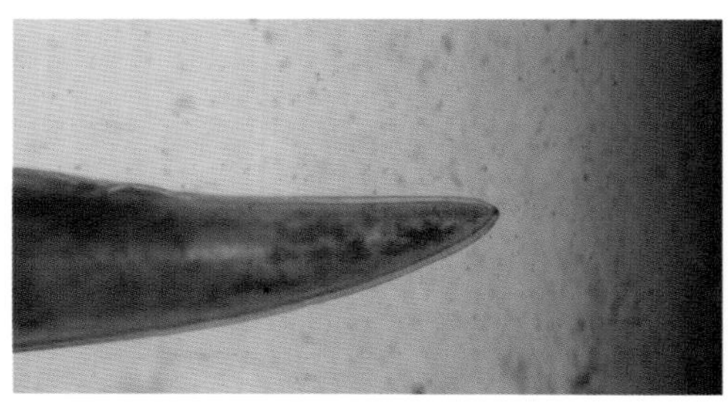
图 5-112　雌虫尾端较尖

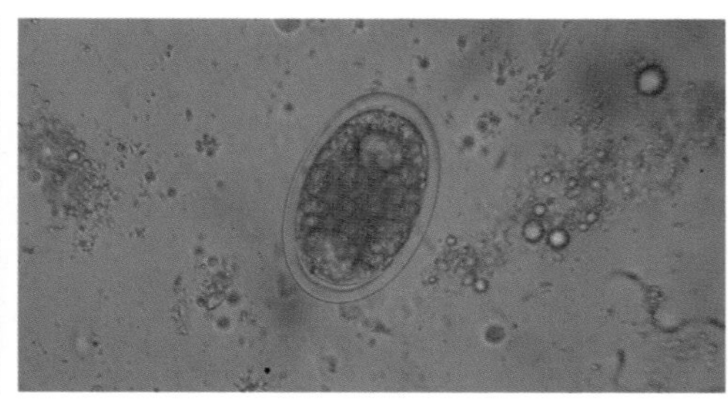
图 5-113　虫卵形态

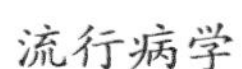

流行病学

鸡蛔虫在鸡场是一种常见寄生虫，但在鸭场较少发生，主要见于鸡鸭混养或受到鸡粪污染的鸭场。多发病于 50~120 日龄鸭，一年四季均可发生。

临床症状

病鸭表现生长发育不良，精神委靡，行动迟缓，粪便稀，有时在粪便中可见白色条状虫体，一般不会导致病鸭死亡。

病理变化

鸭体消瘦，血液稀薄，皮下略水肿，小肠肿大，肠内充满糊状物及一些白色虫体（图 5-114），肠黏膜充血出血。其他内脏病变不明显。

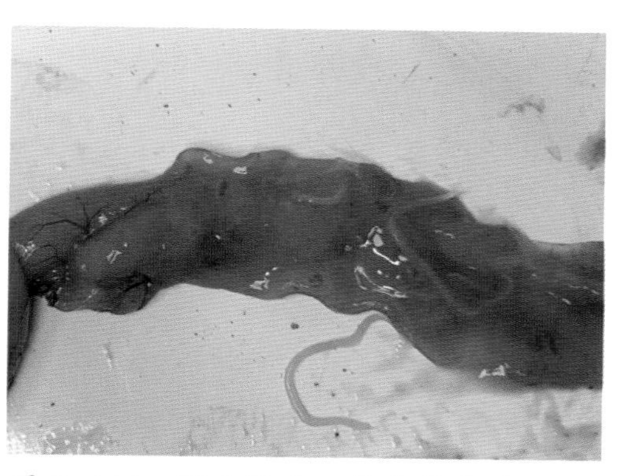

图 5-114　肠内检出一些白色虫体

诊断

根据临床症状、病理变化及小肠内检出白色细条状虫体可做出诊断，必要时可采集鸭粪便进行蛔虫虫卵检查诊断。

防治措施

①预防措施：要做好鸭场的生物安全措施，禁止在鸭场内饲养鸡，有条件的鸭场要提倡网上饲养，避免鸭直接接触到地面或鸡粪便。必要时可抽取鸭粪便进行虫卵检查，若检出蛔虫卵要及时驱虫预防。

②治疗措施：治疗鸭蛔虫的药物较多，可以选用盐酸左旋咪唑（按每千克体重 7.5~15 毫克进行拌料）、阿苯达唑（按每千克体重 30 毫克拌料）、伊维菌素预混剂（按每千克体重 0.3 毫克拌料）治疗。

（十五）鸭纤形线虫病

鸭纤形线虫病是由毛细科纤形属中的鸭纤形线虫寄生在鸭小肠或盲肠内引起的一种寄生虫病，又称鸭毛细线虫病。

病原

鸭纤形线虫属于毛细科纤形属。虫体细长（图 5-115），分前后两个部分，头部纤细（图 5-116）。雄虫大小为（12.7~16.1）毫米 ×（0.04~0.06）毫米，交合刺坚实呈三棱形，长 1.45~1.86 毫米，交合刺鞘上有极小的小棘。交合伞发达，尾部分为二瓣、无侧翼（图 5-117）。雌虫大小为（16.4~24.8）毫米 ×（0.06~0.08）毫米，阴门孔呈横缝状，肛门位于虫体末端（图 5-118）。雌虫腹腔内含大量虫卵（图 5-119），虫卵外周呈波浪状，卵塞大而突出（图 5-120），大小为（50~65）微米 ×（27~32）微米。虫卵在外界发育慢，直接发育。幼虫在鸭体内经过 22~24 天发育为成虫，成虫寿命 10 个月左右。

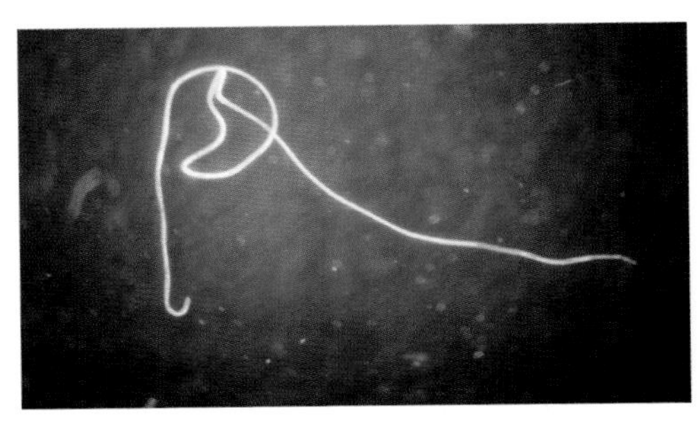

图 5-115　纤形线虫的虫体细长

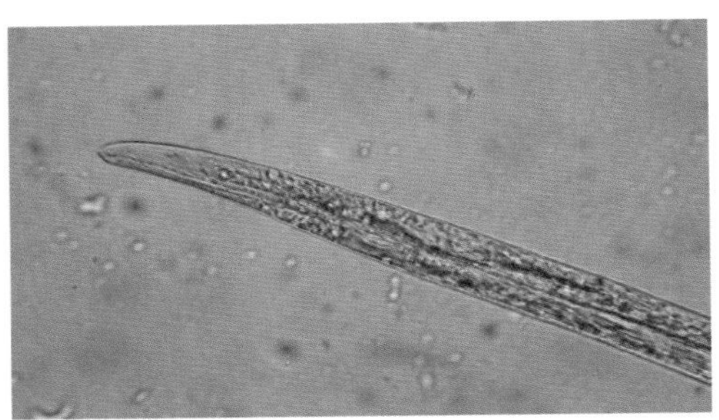

图 5-116　纤形线虫的头部纤细

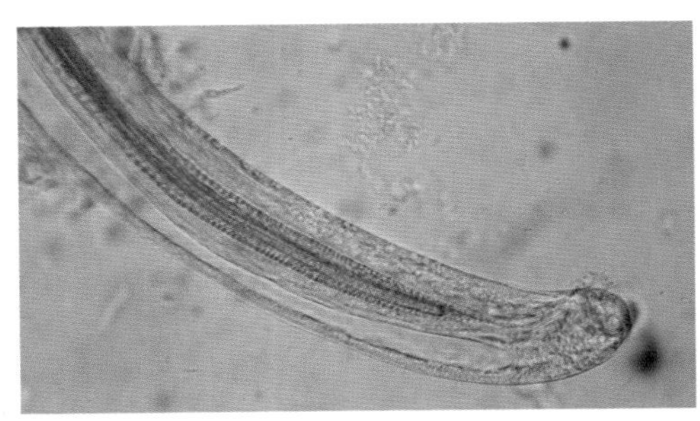

图 5-117　纤形线虫雄虫尾部形态

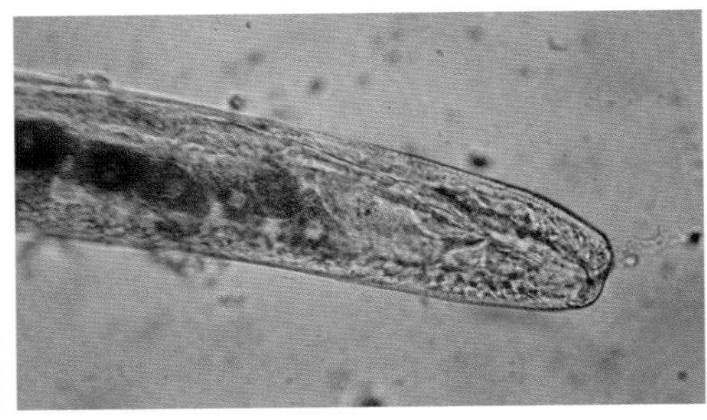

图 5-118　纤形线虫雌虫尾部形态

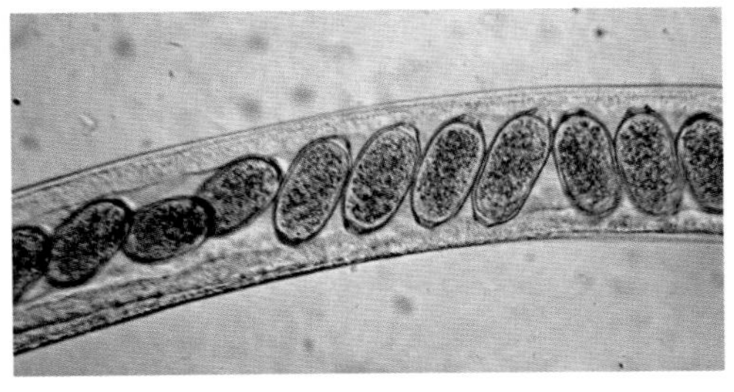

图 5-119　纤形线虫雌虫腹腔含大量虫卵

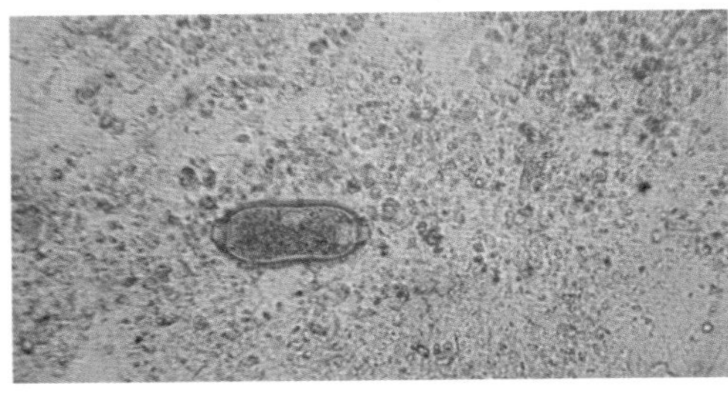

图 5-120　纤形线虫的虫卵形态

流行病学

鸭纤形线虫可感染鸡、鸭、鹅等禽类，且不同禽类之间可相互感染。污染的粪便及场所是主要传染源，传播途径为粪口传播。发病鸭多见于中大鸭。

临床症状

本病轻度感染时，一般无明显的临床症状。严重感染时，可导致病鸭出现腹泻症状，粪便呈黄白色。此外，病鸭消瘦，发育不良，有时采食量减少。极个别病鸭可能衰竭死亡。

病理变化

病死鸭消瘦贫血，小肠和盲肠肿大，剖开肠道可见肠内容物为黄色糊状物，肠黏膜充血出血。其他内脏器官无明显病变。

诊断

从临床症状和病理变化不容易做出诊断，临床上要注意与大肠杆菌病、球虫病进行鉴别诊断。取小肠内容物或肠黏膜刮取物进行镜检，若检出细长的虫体及特征性的虫卵即可诊断。

防治措施

①预防措施：鸭场要做好生物安全措施，防止鸡、鸭、鹅等禽类混养，有条件的尽量提倡网上饲养，避免鸭直接接触到地面或污染物。平时要做好鸭舍的环境卫生与消毒工作，及时清理粪便并采取发酵处理。

②治疗措施：发病鸭群可选用盐酸左旋咪唑、阿苯达唑、伊维菌素等药物进行驱虫，在用药时需注意休药期，同时对驱虫后的粪便进行发酵等无害化处理。

（十六）鸭皮刺螨病

鸭皮刺螨病是由皮刺螨科皮刺螨属中的鸡皮刺螨寄生于鸭皮肤、羽毛上引起的一种寄生虫病。

病原

鸡皮刺螨属于皮刺螨科皮刺螨属。成体呈长椭圆形（图 5-121），有 4 对足，足末端均有吸盘，虫体呈黑色或粉红色（图 5-122）。雄虫大小为 0.6 毫米 × 0.32 毫米，胸板与生殖板愈合为胸殖板，腹板与肛门愈合为腹肛板。雌虫大小为

（0.72~0.82）毫米 ×（0.4~0.55）毫米，饱血后虫体长度可达 1.5 毫米，肢纤细，钳短小。虫卵为卵圆形。发育过程要经虫卵、幼虫、若虫及成虫 4 个阶段，从虫卵发育到成虫需 7 天时间。主要在夜间侵袭吸血，但在笼养条件下也有白天吸血。

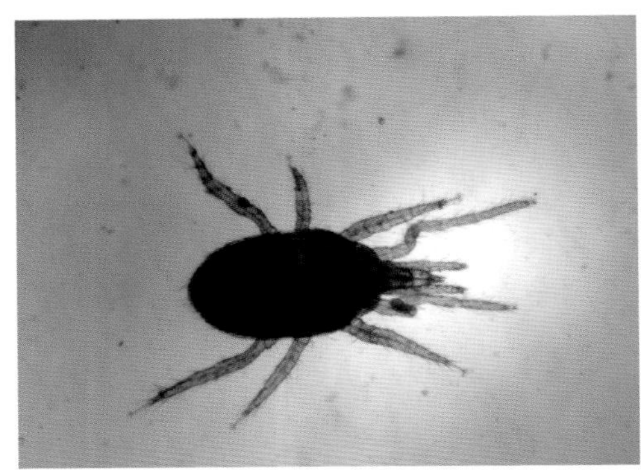
图 5–121　皮刺螨成虫形态

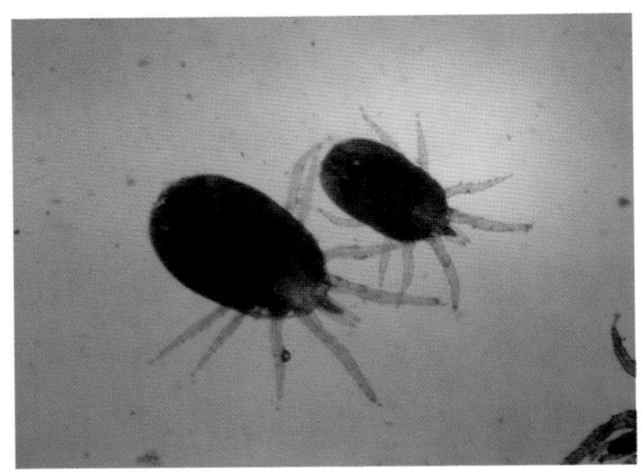
图 5–122　虫体饱血后呈粉红色

流行病学

鸡皮刺螨对鸡、鸭、鸽、鹅等家禽均有致病性，种禽场或蛋禽场多见，有时也会吸人血。除吸血外，该虫还可能传播禽霍乱、螺旋体等病原，在简陋的鸭舍及陈旧的鸭笼较常见。养禽场一旦存在鸡皮刺螨，就成为一个该病的疫源地而不易根除。

临床症状

病鸭表现躁动不安，吃料减少，羽毛脱落。病鸭日渐消瘦，贫血。仔细查看，在鸭体皮肤及羽毛上可见一些黑色或粉红色虫体在爬动（图 5–123）。严重时导致病鸭死亡。

图 5–123　皮肤及羽毛上可见虫体爬动

病理变化

病鸭除皮肤贫血、肌肉苍白、羽毛脱落较多外，无其他明显的病理变化。

诊断

临床上本病需与鸭羽虱进行鉴别诊断。诊断时，把虫体放在 70% 酒精内致死后再置于放大镜或低倍显微镜下进行形态观察和鉴定。

防治措施

①预防措施：鸭舍要加强环境卫生和消毒工作，种鸭场使用的垫料要干净。平时要认真检查，在笼架或鸭身上发现虫体时需及时诊断和隔离治疗，平时要定期做好鸭舍的杀虫工作。

②治疗措施：对鸭舍及病鸭选用溴氢菊酯、双甲脒、辛硫磷或白僵菌进行喷洒，每周 1~2 次。对平养带垫料的鸭场要勤换垫料，并烧毁带虫垫料。严重感染时可配合使用伊维菌素预混剂进行拌料治疗，连喂 3~5 天。

（十七）鸭羽虱病

鸭羽虱病是由短角羽虱科和长角羽虱科中多种羽虱寄生于鸭羽毛上引起的一类寄生虫疾病的总称。其中常见病原有短角羽虱科鸡羽虱属中的鸡羽虱、巨羽虱属中的白眉鸭巨羽虱（又称鸭羽虱）、鹅鸭羽虱属中的有齿鹅鸭羽虱、柱虱属中的黄色柱虱等。这些羽虱除了寄生在鸭羽毛上，有些也可寄生在鸡、鹅等禽类的羽毛上，在轻度感染的情况下对家禽影响不大，在严重感染时可导致家禽全身脱毛、食欲缺乏而影响禽类的生长和生产。

病原

①白眉鸭巨羽虱（鸭羽虱）：雄性体长 4.70~5.54 毫米，雌虫大小为（5.20~6.10）毫米 × 1.69 毫米。头呈三角形，眼前两侧缘稍膨大，唇基带稍突圆，两颊稍向后拓张，颊缘毛每侧 3 根。触角 4 节，柄节端部略突出，鞭节呈球状。胸部发达，几丁质化。前两侧缘阔，而后变窄，呈盘状，侧缘毛各 2 根，背毛小于 8 根。后胸背的后缘有一排刺毛。

②鸡羽虱：体型较小，体色为淡黄色，头部后颊向两侧突出，有数根粗长毛，咀嚼式口器，头部侧面的触角不明显。前胸后缘呈圆形突出，后胸部与腹部联合一块，呈长椭圆形，有 3 对足，爪不甚发达。腹部由 11 节组成，每节交界处都有刚毛簇。雄性体长 1.7 毫米，尾部较突出（图 5-124）；雌性体长 2.0 毫米，尾部较平（图 5-125）。

图 5-124　雄性羽虱的虫体形态

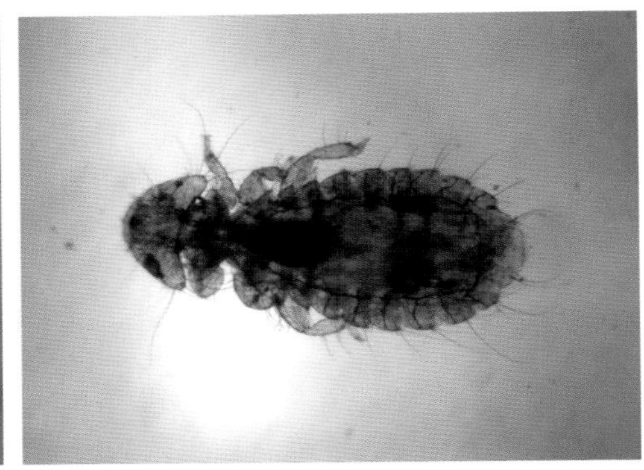

图 5-125　雌性羽虱的虫体形态

③有齿鹅鸭羽虱：虫体较狭长（图 5-126），雄虫长 1.35~1.50 毫米，雌虫长 1.50~1.75 毫米，唇基部膨大，内有 1 个铆钉状白色斑，头部两侧有指状突起。腹面的两侧有钉状刺。触角短，呈丝状。两颊缘较圆，有狭缘毛和刺。头后缘平直。前胸较短，后侧缘稍圆，后侧角有长毛 1 根、刺毛 1 根。中胸和后胸愈合呈六角形或梯形，后缘毛有 10~12 根。雄性生殖器的基板长大于宽，其“V”形结构，在内板透明域内 10 个齿形成支持刷，有 1 个几丁质化的无柄刀状结构。腹部呈长卵圆形，后部各节的后角均有 2~3 根长毛。

④黄色柱虱：虫体长 1.6 毫米，体侧缘呈黑色，腹部两侧各节均有斑块。头部前额突出为圆形，后部也呈圆形，左右侧各有 1 根长刚毛。前后胸较宽，后胸后缘有长缘毛。腹部呈卵圆形，各腹节的背面均有 1 对长刚毛，后部各节的后角均有 2~3 根长毛（图 5-127）。

图 5-126　有齿鹅鸭羽虱的虫体形态

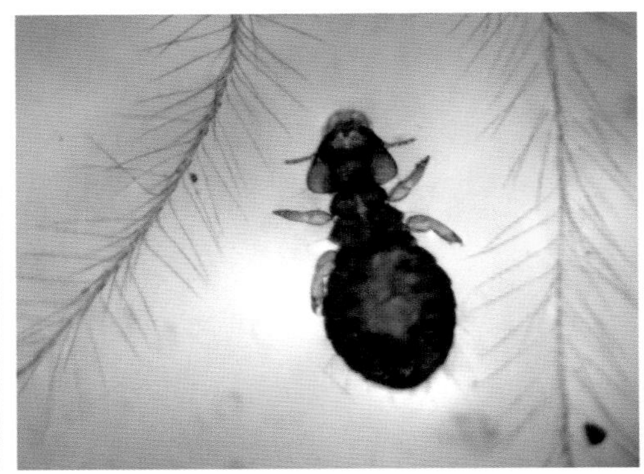

图 5-127　黄色柱虱的虫体形态

流行病学

鸭羽虱的发育属不完全变态，整个发育过程分为卵、若虫和成虫 3 个阶段。雌雄成虫交配后，雄虱即死亡，而雌虱于 2~3 天后开始产卵，每虱一昼夜产卵 1~4 枚。卵为黄白色、长椭圆形，常黏附在家禽的羽毛上，经 9~20 天发育孵出若虫，若虫经几次蜕化后变为成虫。雌虱的产卵期为 2~3 周，卵产完后即死亡。鸭羽虱营终生寄生生活，整个发育过程和生活都在禽类皮肤和羽毛上，以啮食羽毛或皮屑为生。每一种羽虱具有一定的宿主，具有宿主的特异性，寄生部位也有一定的要求。在临床上可见一只鸭可同时寄生几种羽虱。某些羽虱品种，除寄生在鸭身上，也可寄生在鸡或鹅等其他禽类身上。该病一年四季中以冬春季较多发，夏秋季节相对较少，圈养的鸭比放牧鸭易感。陈旧的鸭舍或陈旧的垫料易导致鸭感染羽虱。不同禽类个体、不同禽类之间可通过直接或垫料等间接接触而感染。

临床症状

在轻度感染的情况下，鸭羽虱对鸭的生产和生长影响不大。在严重感染时，鸭羽虱可导致鸭全身或部分脱毛、掉毛，鸭舍和运动场所内可见大量羽毛，病鸭食欲缺乏、全身瘙痒、相互啄食或啄食自身羽毛，渐进性消瘦、贫血、生长发育缓慢，产蛋鸭或种鸭还会导致产蛋率逐渐下降，极个别还会导致病鸭死亡。仔细查看，在鸭羽毛上或皮肤上可见一些羽虱在爬动（图 5−128、图 5−129）。

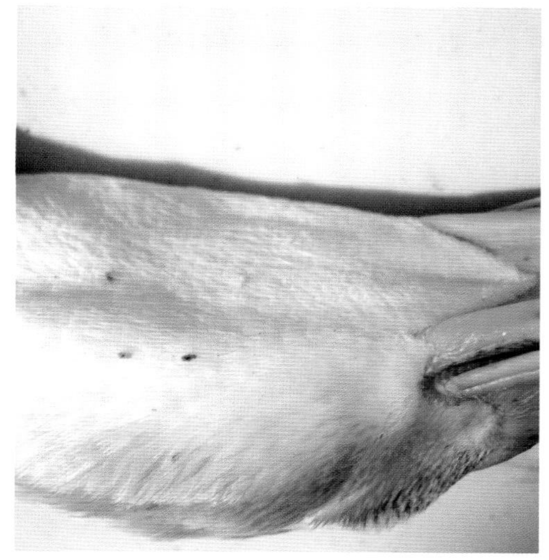

图 5−128　鸡羽虱寄生在鸭羽毛上

图 5−129　有齿鹅鸭羽虱寄生在鸭羽毛上

病理变化

病鸭出现贫血、消瘦，全身或局部皮肤掉羽，严重时可见局部皮肤炎症坏死。内脏器官无明显的病理变化。

诊断

根据流行病学、症状、病变可做出初步诊断。寄生在鸭皮肤和羽毛上的羽虱种类较多，不同种类羽虱其结构特征和宿主的特异性有所不同。对鸭皮肤和羽毛上收集到的羽虱要经 70% 酒精固定，并经 10% 氢氧化钠消化杂质，清洗后用霍氏液封片，在光学显微镜下进一步观察羽虱的大小和结构，最后参考相关分类图谱进行虫体鉴定而确诊。

防治措施

①预防措施：要加强对鸭场的饲养管理，对陈旧的鸭舍要定期进行消毒和灭虫处理。对舍内的陈旧垫料要勤换。鸭群若经常出现掉毛和大面积换羽毛，要及时查寻病因。

②治疗措施：本病的治疗可采取 3 个方面措施：第一，对病鸭群及其活动场所用 0.01%~0.02% 溴氰菊酯或 0.02%~0.04% 氰戊菊酯喷洒，每周喷 2~3 次，以后还需定期喷洒。第二，在一个配有许多小孔的纸罐内装入 0.5% 美曲膦酯或硫黄粉，然后均匀地喷洒在鸭羽虱寄生部位。第三，对舍内的垫料及架子也要进行杀虫处理，防止圈养鸭通过这些媒介造成鸭羽虱的相互传播。

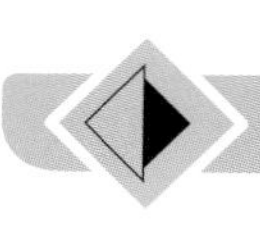

六、非生物引致的鸭病诊治

（一）鸭痛风

鸭痛风是由于鸭机体内蛋白质代谢障碍引起尿酸生成过多或尿酸排泄障碍，从而造成尿酸大量蓄积于血液及关节囊、关节软骨、软骨周围组织和内脏器官表面而出现尿酸盐沉积的一种营养代谢病。

病因

长期饲喂过量的蛋白质饲料（如蛋白质水平超过 30%）；饲料中维生素 A 缺乏及饲料中高钙、低磷；某些药物使用不当造成肾脏损害，影响尿酸盐排泄功能（如磺胺类中毒）；管理不当（如缺少水、鸭舍拥挤、长途运输等）易诱发本病的发生；某些传染病（禽星状病毒病）会引起肾脏不同程度的损伤，从而导致家禽出现内脏型和关节型痛风。

临床症状

鸭痛风发生过程一般比较缓慢（药物中毒除外），依尿酸盐沉积部位的不同可分为内脏型和关节型 2 种类型。

①内脏型痛风：精神不振，食欲减退，逐渐消瘦，脚皮肤脱水（图 6-1），粪便较稀且含大量的尿酸盐，肛门周围羽毛往往会玷污有石灰样粪便。零星死亡。产蛋鸭还表现产蛋率减少。

②关节型痛风：软脚，跛行，行动迟缓。跗关节、趾关节等关节肿大、变硬（图 6-2），有时肿胀部位破溃后流出白色黏稠状的尿酸盐。

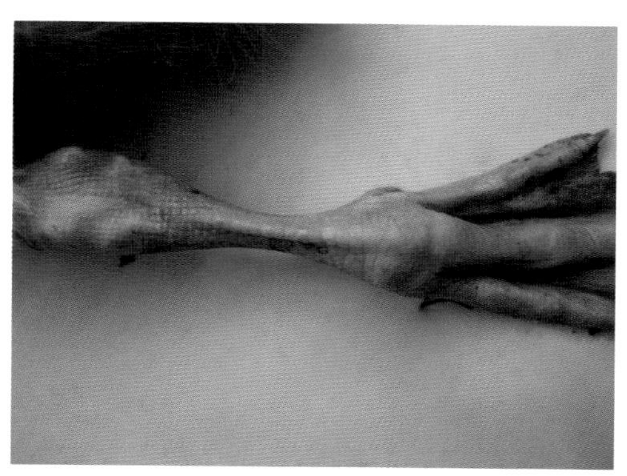

图 6-1　病鸭脚皮肤脱水

病理变化

①内脏型痛风：皮下有白色尿酸盐沉积(图6-3)，内脏器官(如心包膜、肝脏、肠系膜、肾脏等)表面不同程度地散布一层白色石灰粉样物质(图6-4、图6-5)。肾脏肿大明显呈花斑状(图6-6)，输尿管肿大，内蓄积大量尿酸盐，腹腔浆膜层有尿酸盐沉积(图6-7)，严重时可见输尿管产生结石。

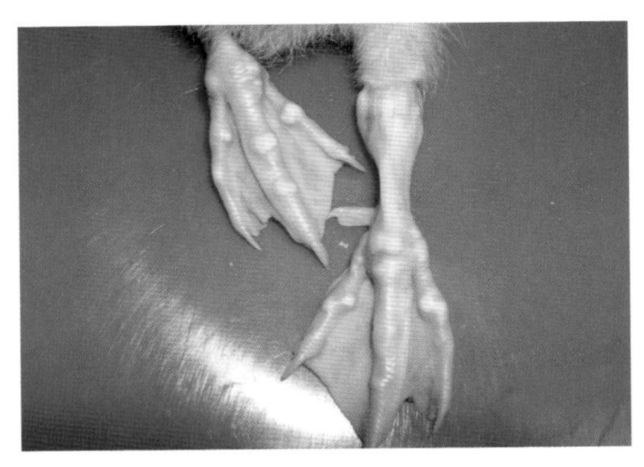

图6-2　关节肿大、变硬

②关节型痛风：关节肿大，切开关节腔可流出含尿酸盐的白色黏液。有时在关节周围组织也能见到上述白色沉积物(图6-8)。

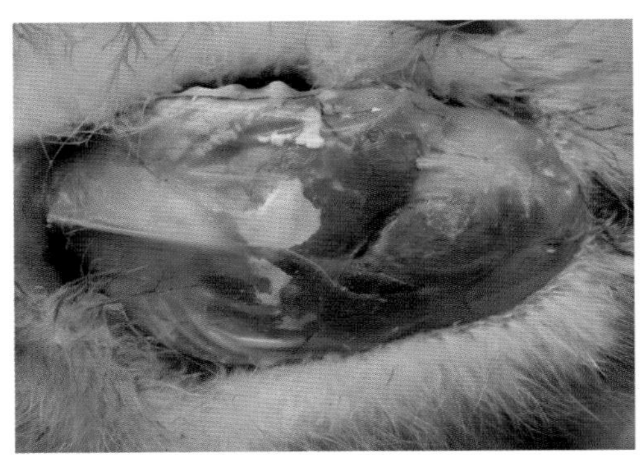

图6-3　皮下有白色尿酸盐沉积

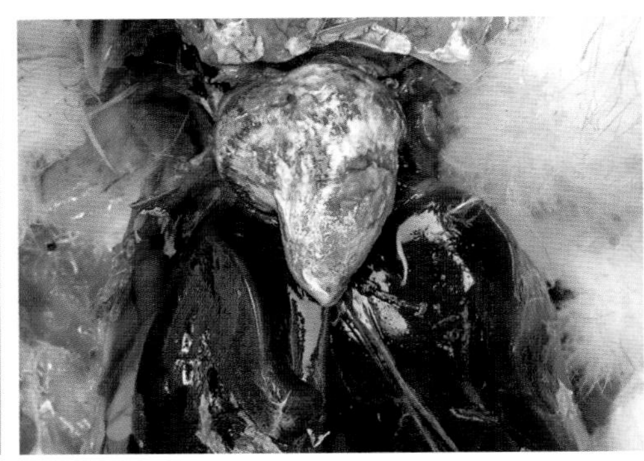

图6-4　心包膜有尿酸盐沉积

图6-5　心脏与肝脏表面有尿酸盐沉积

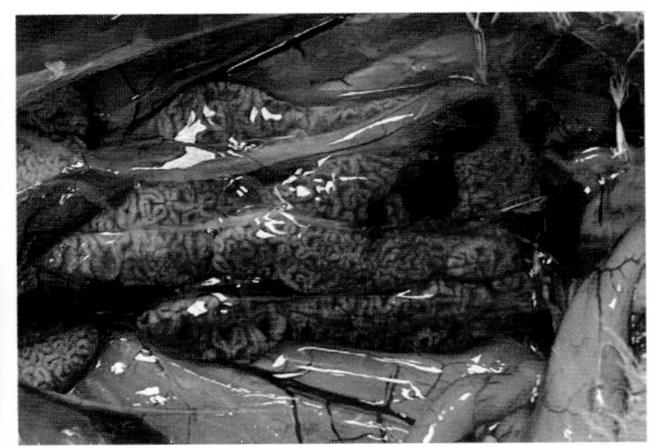

图6-6　肾脏肿大呈花斑状

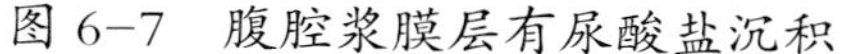
图 6-7　腹腔浆膜层有尿酸盐沉积

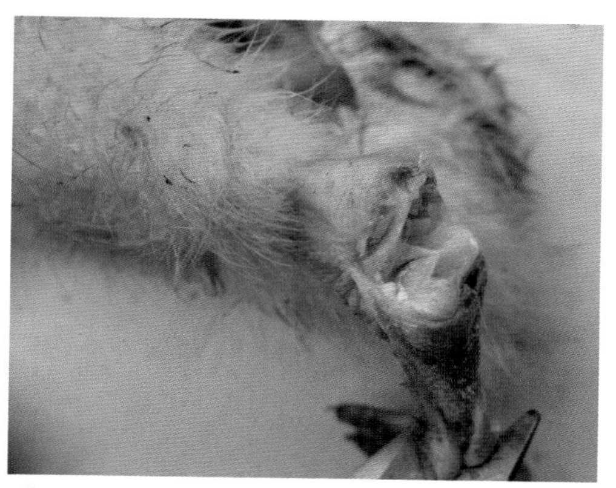

图 6-8　关节周围组织有白色沉积物

诊断

根据临床症状和病理变化可做出初步诊断。在临床上，本病要与鸭佝偻病、鸭短喙矮小综合征、维生素 B_1 缺乏症鉴别诊断，必要时可抽血进行血清中尿酸含量测定。

防治措施

①预防措施：要根据鸭不同日龄、不同阶段的生长性能制定合理的饲料配方，严格控制配方中蛋白质含量，同时调整好日粮中钙、磷比例，适当提高饲料中多种维生素含量（特别是维生素 A 含量），保证鸭群充足的饮水，避免滥用磺胺类等对肾脏毒副作用较强的药物。

②治疗措施：对已发生本病的鸭群，首先要尽快排除病因，在保证充足的饮水前提下按说明使用通肾药物，对本病有一定的治疗效果。对严重的痛风，特别是关节型痛风治疗效果较差。此外可使用中草药如车前草、金钱草、金银花、甘草等煎水后让鸭自由饮用 3~5 天，也有一定效果。

（二）肉鸭腹水症

肉鸭腹水症是由多种原因导致鸭的心脏、肝脏发生病理损害后出现腹腔积液为特征的一种疾病。

病因

导致肉鸭腹水症的原因较多，包括种鸭先天性遗传缺陷，鸭苗孵化过程中缺氧，雏鸭育雏期间的饲养密度过大、通风不良、舍内二氧化碳或一氧化碳及氨气浓度过高，日粮中有毒的物质超标，以及维生素 E、硒缺乏等原因。

临床症状

不同日龄和不同品种的鸭发病率有所不同，其中番鸭的发病率比较高，半番鸭次之。发病主要集中在 5~40 日龄，有时到鸭上市日龄仍有本病的零星发生。在寒冷季节本病会多发。主要表现为鸭喜卧，不愿走动，精神沉郁，食欲下降，喙和脚蹼出现发绀。最明显的临床症状是腹部膨大、下垂，触之松软，有波动感，受应激后（如打针）易死亡。在雏鸭则表现为腹部膨大，触之较硬。

病理变化

腹腔内含有大量淡黄色积液（图 6-9），有时会形成胶冻样。肝脏肿大变硬，表面附有一层淡黄色的胶冻样渗出物（图 6-10），有时肝脏表面出现一些淡黄色的渗出物。心脏肿大，心肌松软（图 6-11），右心室极度扩张，心壁变薄，心包积液。肺脏水肿，肾脏肿胀。

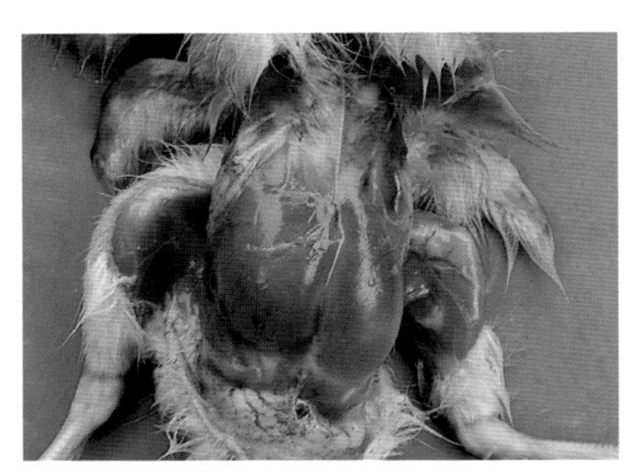
图 6-9 腹腔积液

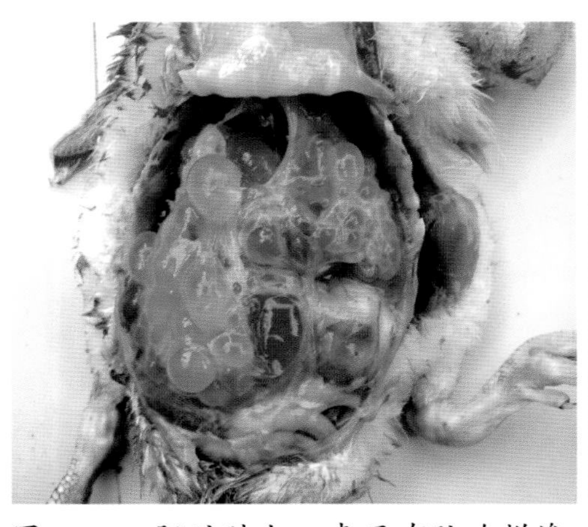
图 6-10 肝脏肿大，表面有胶冻样渗出物

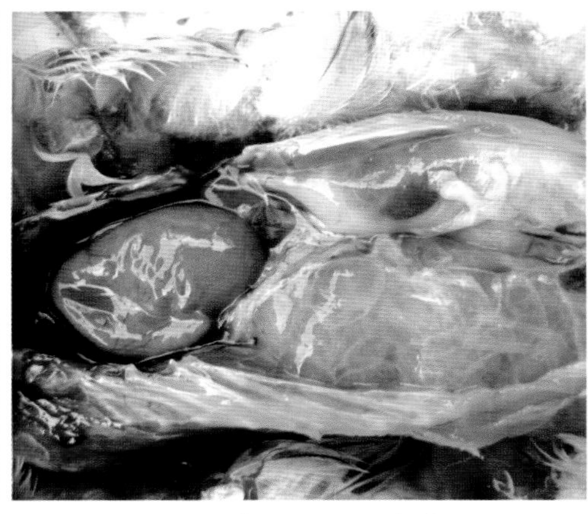
图 6-11 心脏肿大，心肌松软

诊断

根据临床症状、病理变化可做出初步诊断，在临床上要注意与鸭黄曲霉毒素中毒进行鉴别诊断。

防治措施

①预防措施：加强种鸭的饲养管理，做好孵化室、育雏室的通风工作，不喂发霉变质的饲料，同时饲料中适当增加维生素 E 含量对预防本病有一定效果。

②治疗措施：本病无特效的治疗药物。在雏鸭保育期间若发现有腹水症的雏鸭（腹部大而硬）要及时挑出淘汰。在饲料中添加一些维生素 E 和亚硒酸钠，以及一些利尿剂（如氢氯噻嗪）对轻度腹水症有一定效果。

（三）鸭啄癖症

鸭啄癖症是指由于环境、营养、疾病等多种因素引起鸭啄食正常物以外的物质为特征的一种综合征。

病因

①饲料因素：饲料中蛋白质缺乏，特别是含硫氨基酸（如蛋氨酸）缺乏，以及钙、磷、锌、锰等矿物质元素缺乏或比例不协调，或饲料中食盐、维生素含量不足等原因均可导致啄癖症。

②管理因素：饲养密度过大、鸭群过于拥挤、运动场所太少、鸭舍的光线太强等原因均可导致鸭啄癖症。

③体外寄生虫因素：体外寄生虫（如鸭羽虱或鸭皮刺螨）也有可能产生啄癖症。

临床症状

本病在中鸭长大羽毛时期较常见。可见不同个体的鸭相互啄食彼此的羽毛，有时也啄食自身的羽毛或已脱落在地上的羽毛，造成鸭背后部或尾根的羽毛稀疏或残缺不齐（图 6-12），皮肤还出现充血、出血或形成痂皮。成年母鸭出现啄癖症时还会出现产蛋率下降或产蛋停止现象。

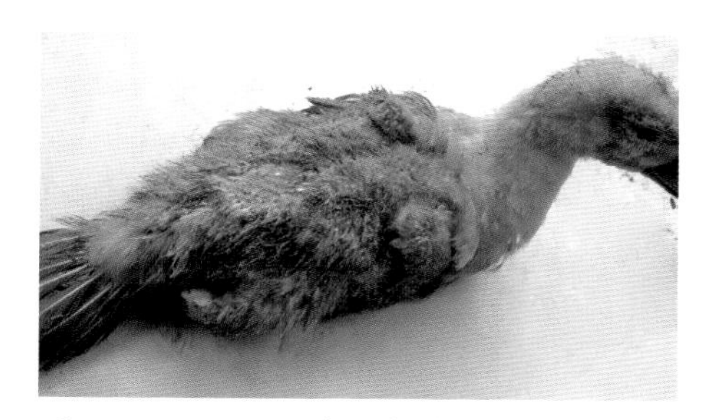

图 6-12 羽毛稀疏或残缺不齐

病理变化

除了皮肤出现充血、出血及形成痂皮外，无其他明显的内脏病理变化。

诊断

根据临床症状即可做出诊断。

防治措施

①预防措施：加强饲养管理是预防本病的关键。在饲料方面，要严格按照不同生长时期的营养要求进行科学配方，特别要保证饲料中多种维生素、含硫氨基酸、食盐、矿物质的含量达标。在管理方面，当鸭饲养到20~30日龄时，可根据实际情况进行人工断喙，同时要降低饲养密度，保证鸭群有一定的活动空间。若发现鸭身上有体外寄生虫，要及时用溴氢菊酯等药物进行杀灭处理。

②治疗措施：日龄较小的鸭群出现啄癖时，可采取断喙处理，同时在饲料中添加1.5%~2%的石膏粉，连用7天；或添加2%的食盐，连用3~4天（但不能长期使用，否则会发生中毒）。此外，在饲料中多添加一些蛋白质、蛋氨酸、多种维生素对本病也有一定辅助治疗效果。对于啄癖造成外伤的鸭要及时挑出，并用甲紫或硫酸庆大霉素涂擦患处进行局部处理。

（四）鸭脱肛症

鸭脱肛症是由多种原因致使鸭肛门脱出、坏死，甚至死亡的一种饲养管理不良性疾病。

病因

本病主要见于产蛋鸭或种鸭，主要有以下原因。

①后备蛋鸭个体发育不整齐。某些发育不良的后备蛋鸭，由于没有完全达到体成熟，饲喂正常产蛋鸭饲料后造成产蛋异常和脱肛。

②开产前后光照时间过长，性成熟过早，提前开产，体积较大的鸭蛋通过产道困难，易发生脱肛。

③日粮中蛋白质含量偏高，鸭蛋偏大，或饲料霉菌毒素超标，肛门松弛，易造成脱肛。

④产蛋鸭感染大肠杆菌后引起腹泻脱水，致使输卵管、子宫不能有效分泌润滑液，生殖道干涩，产蛋努责后易造成脱肛。

⑤其他不良的饲养管理措施，如鸭群拥挤、鸭舍卫生条件差、鸭群常遇到惊吓等不良应激均会导致脱肛。

临床症状

鸭脱肛常见于产蛋麻鸭或种鸭，特别是笼养的蛋鸭比较常见。症状表现为蛋鸭的肛门脱出后呈红色（图6-13），不能收复，严重时输卵管和直肠也脱出，局部发生水肿和炎症，时间久后局部出现坏死及钙化（图6-14、图6-15），最终病鸭出现衰竭死亡。

图 6-13　肛门脱出呈红色

图 6-14　肛门局部水肿和炎症

图 6-15　肛门局部坏死和钙化

病理变化

病死鸭消瘦，初期脱出的肛门充血出血，中后期肛门水肿、坏死及钙化。卵巢上滤泡萎缩变性（图6-16）。输卵管炎症水肿，内积有破裂鸭蛋。有些继发大肠杆菌形成卵黄性腹膜炎。

图 6-16　卵巢萎缩变性

诊断

从临床症状和病理变化可以做出初步诊断。鉴于导致脱肛的病因较复杂，要逐一做出排除。

防治措施

①预防措施：要加强饲养管理，做好后备蛋鸭培育工作，不能过早加大光照强度，按阶段合理安排配方，做好环境卫生，减少各种不良应激。发现脱肛鸭要及时挑出治疗。

②治疗措施：发现脱肛要及时找原因，采取相关处理措施。对个别病鸭早期采用硫酸庆大霉素局部消炎处理后整复处理，同时全群采用一些输卵管消炎药物进行治疗。对脱肛严重并产生严重局部病变鸭采取淘汰处理。

（五）鸭感冒

鸭感冒是由于温差大等原因造成鸭出现咳嗽、喘气等呼吸道症状的一种饲养管理不良性疾病。

病因

各种日龄鸭均可发生感冒，其中以 20 日龄以内的雏鸭较常见，因长途搬运鸭苗时受到风吹、在育雏室中保温时温度不稳定、鸭群突然受到冷空气刺激、在野外放牧时遇到雨淋等因素均可造成鸭感冒。育雏室中的空气质量差（如氨气浓度大）会加重病情。

临床症状

病鸭精神沉郁，体温略升高，食欲正常或略减少，行动迟缓。最明显的表现是呼吸道症状，即呼吸急促、鼻子流水样或黏稠的鼻液、打喷嚏、咳嗽明显。严重的可见眼结膜潮红，流眼泪（图 6-17），有时可听到呼吸道啰音。发病率 10%~80%，但死亡率较低。死亡病例多因气管被黄色干酪样分泌物阻塞窒息而死亡。病程 3~5 天，若不及时治疗有可能进一步发展为肺炎，或进一步继发感染鸭传染性浆膜炎或鸭大肠杆菌病等疾病。

图 6-17　流眼泪

病理变化

鼻腔、咽喉及气管有较多黏液（图 6-18）。病程稍长的病例可见气管和支气管内有干酪样阻塞物。气管和支气管充血、出血。严重的可见肺部有充血、出血、水肿和肺脏坏死（图 6-19、图 6-20）。若有继发感染可见不同程度心包炎、肝周炎（图 6-21）。

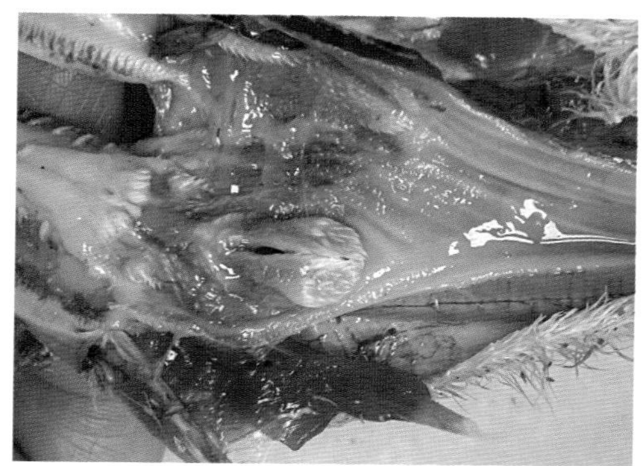

图 6-18 咽喉黏液多

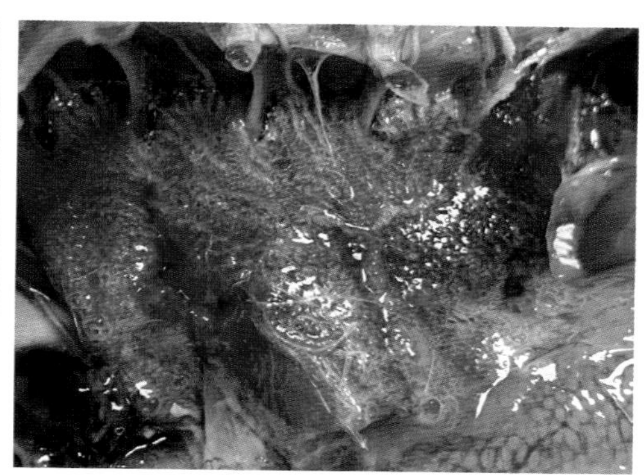

图 6-19 肺脏充血、出血

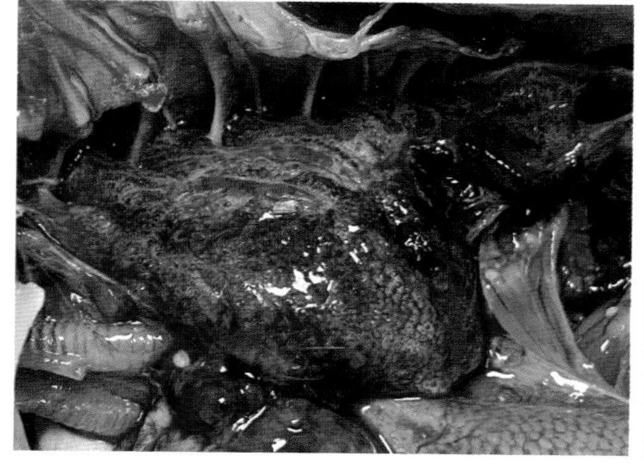

图 6-20 肺脏水肿坏死

图 6-21 轻度心包炎

诊断

根据临床症状、病理变化及参考饲养环境条件因素等可做出初步诊断。在临床上要与传染性浆膜炎和高致病性禽流感的初期症状进行鉴别诊断。

防治措施

①预防措施：在育雏室保温时，既要做到日夜温差相对稳定，又要做到通风换气。某些品种鸭如番鸭在冬季要保温 20 天以上。在野外放牧时要注意防止雨淋。

平时饲养管理过程中要注意环境温度的变化，遇到冷空气来临时要做好鸭舍的保温工作（特别是番鸭）。在长途运输过程中不要用冷水直接喷鸭身上，以免发生感冒。

②治疗措施：治疗感冒的药物很多，可选用红霉素、恩诺沙星、阿莫西林、多西环素、酒石酸泰乐菌素或磷酸替米考星等药物，连用 3~5 天。临床症状严重时可配合一些降体温药物（如安乃近片）或化痰药（如氯化铵）或平喘药（如麻黄碱）、止咳药（如甘草），以提高治愈率和治疗效果。在临床上对严重的病例可全群肌内注射阿莫西林（按每千克体重 25~40 毫克）等抗生素，每天 1 次，连用 2 天，可获得良好效果。

（六）鸭弱雏

鸭弱雏是指先天不足、体质弱小、刚出壳的病态鸭苗，死亡率高。

病因

①由年轻种鸭或日龄较大母鸭所生的种蛋而孵出的鸭苗。

②种鸭发生或隐性感染某些传染病，或使用违禁药物后所生的种蛋而孵出的鸭苗。

③种鸭饲料营养搭配不良或缺乏某些营养成分。

④种蛋孵化过程中温度、湿度不稳定或其他因素造成雏鸭出壳推迟。

临床症状

1~5 日龄内的病雏鸭怕冷、打堆，精神沉郁，鸣叫不停，吃食减少，体重轻，羽毛干而黄（图 6-22），并有不同程度的拉稀症状。死亡率高达 50%~80%。

图 6-22　体重轻，羽毛干而黄

病理变化

病雏鸭脚皮肤干燥脱水，腹部膨大，卵黄吸收不良（图 6-23），有的卵黄变绿，有的卵黄与肠系膜粘连。病死鸭还有肠炎病变（图 6-24）。

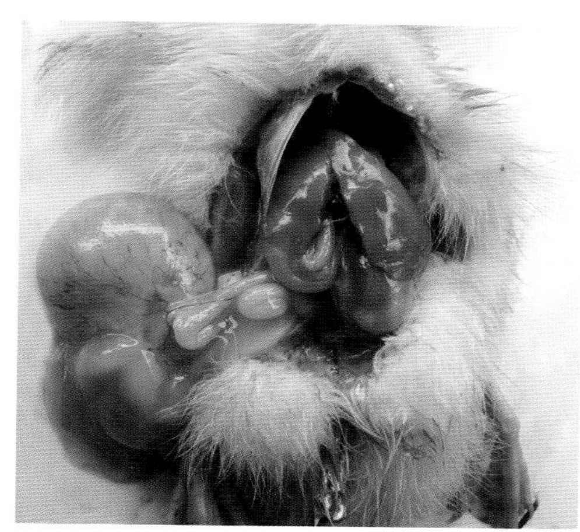

图 6-23　卵黄吸收不良

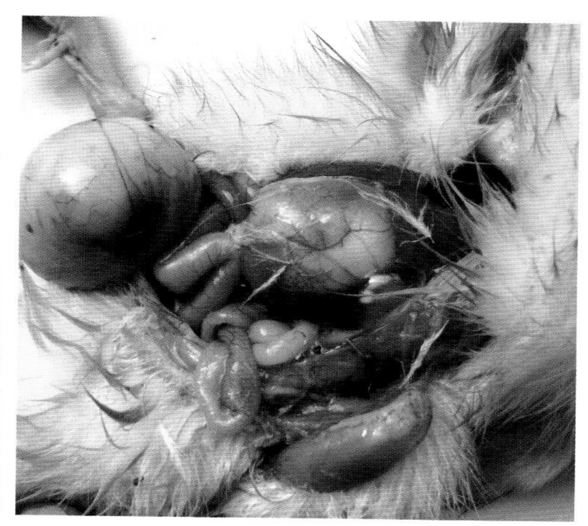

图 6-24　肠炎

诊断

根据发病日龄、临床症状及病理变化可做出初步诊断。

防治措施

①预防：首先要做好种鸭的饲养管理工作。年轻母鸭或老母鸭所生的鸭蛋不能做种蛋，种鸭发病或用药期间所生的蛋也不能做种蛋。平时要多添加一些多种维生素和氨基酸来提高种鸭的抗病力。

②治疗：首先要做好育雏室的保温工作，在饮水中可适当添加一些水溶性多种维生素和一些抗生素（如盐酸环丙沙星、阿莫西林或氟苯尼考等）。对死亡率较高的鸭群可皮下注射头孢噻呋钠（每羽 0.1 毫克，每天 1 次，连打 2~3 次），对控制弱雏有一定效果。

（七）鸭肉毒梭菌毒素中毒

鸭肉毒梭菌毒素中毒是由于放牧鸭在野外吃到腐败的动物尸体或动物尸体上繁殖出来的蝇蛆而出现软脚和死亡症状的一种中毒性疾病。

病因

野外放牧的鸭（以产蛋麻鸭居多）吃到腐败的死鱼或其他腐败的动物尸体，以及啄食到动物尸体上繁殖出来的蝇蛆均易发生中毒现象。此外，饲料中动物性蛋白质变质（如鱼粉）也会造成本病的发生。

临床症状

部分病鸭出现闭目、蹲伏、软脚、不爱走动（图 6–25），翅膀张开不断地在地上拍动，严重时还出现头抬不起、软颈现象（即头无力着地，又称软颈病）（图 6–26），吃料正常，有时可见拉黄白色稀粪，死亡快（中毒后半天到一天内）。若软脚鸭放在水中，由于无力爬上岸往往容易被淹死。

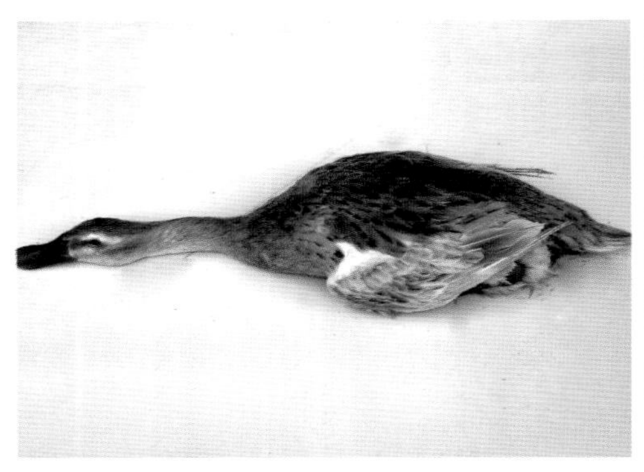

图 6–25　软脚，不爱走动

图 6–26　软颈，头抬不起

病理变化

死亡后鸭颈部很软，剖检在肝脏边缘可见树枝状出血（图 6–27），有时在腺胃内可检出死虫子（图 6–28）。部分病死鸭有肠炎病变。其他内脏无明显病变。

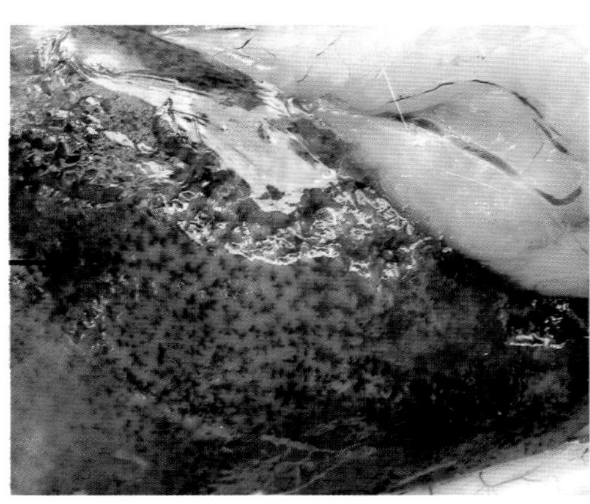

图 6–27　肝脏表面树枝状出血

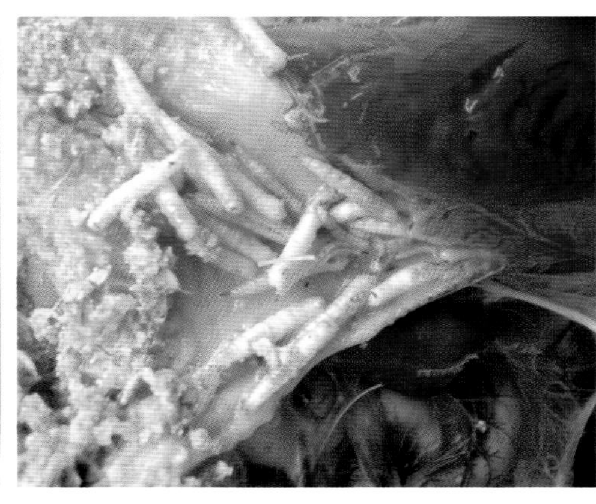

图 6–28　腺胃内检出死虫子

诊断

根据病史、临床症状及病理变化可做出诊断。

防治措施

①预防：在平时饲养管理过程中要避免鸭吃到死鱼或其他腐败动物尸体及蝇蛆等。在鸭放牧的范围内，一旦发现有腐败动物尸体，要立即挑拣掉，并把蝇蛆等清理干净。

②治疗：本病无特效治疗药物。中毒较深的病鸭（即同时出现软脚和软颈现象）基本上都要死亡，只有软脚、头部仍可以抬起的病鸭可肌注或口服硫酸阿托品（按每千克体重 0.1~0.2 毫克）进行解救，每天 2 次，有一定的效果。对可疑鸭群，喂一些多种维生素或葡萄糖进行预防。此外也可采用中药煎汤饮水，处方为防风 6 克、穿心莲 5 克、绿豆 10 克、甘草 15 克、红糖 10 克，水煎后供 15 只鸭饮用。

（八）鸭一氧化碳中毒

本病是由于鸭吸入大量一氧化碳导致的一种中毒性缺氧症，临床上表现发绀、呼吸困难、昏迷死亡。

病因

在育雏保温时采用煤炉加热保温或保温时不安装烟囱或保温室内通风不良，造成空气中的一氧化碳含量超标，从而导致雏鸭中毒死亡。

临床症状

病鸭烦躁不安、嗜睡、流泪、呼吸困难（张口呼吸）、运动失调，继而表现站立不稳，卧于一侧。临死前表现痉挛和惊厥，最后昏迷而死亡。死亡速度快，死亡率 10%~60%，严重时可达 100%。

病理变化

病死鸭可视黏膜和肌肉呈樱桃红色。血液稀薄，鲜红色，不易凝固。肺脏淤血或点状出血，肺脏切面流出带泡沫的鲜红色液体。肝脏充血、出血（图 6-29）。脚趾和喙部呈紫红色或发绀（图 6-30、图 6-31），甚至黑色。

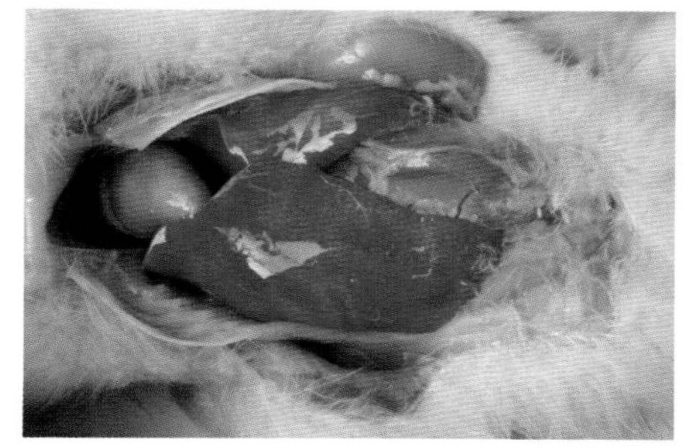

图 6-29　肝脏充血、出血

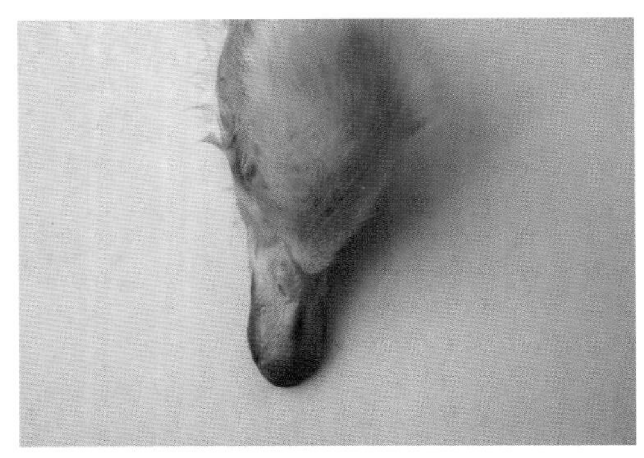

图 6-30　鸭喙发绀

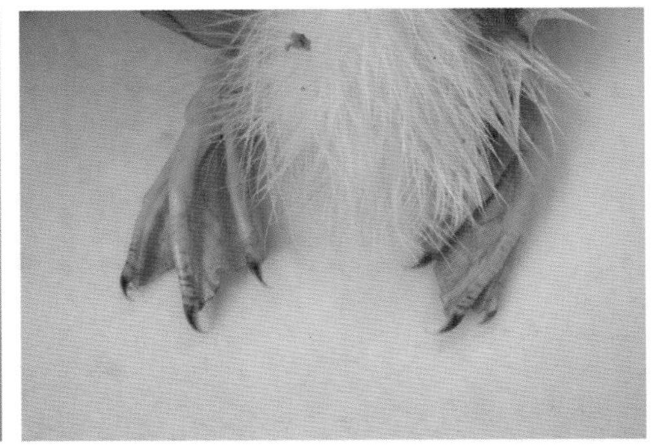

图 6-31　脚趾发绀

诊断

根据有吸入一氧化碳历史及血液鲜红色、可视黏膜和脚趾为紫红色、死亡率高、死亡速度快可做出诊断。

防治措施

①预防：保温室要经常检查取暖和排气设施是否安全，要防止烟囱漏气、倒烟。同时要保持室内通风良好，遇到有相应症状时要及时采取通风措施。

②治疗：发生中毒时，要立即打开门窗，排出蓄积的一氧化碳气体，更换新鲜空气。同时要查明原因，采取必要的补救措施。在饮水中可添加 1%~2% 的葡萄糖增强肝脏解毒功能，半天后病鸭群一般都能恢复正常。

（九）鸭磺胺类药物中毒

鸭磺胺类药物中毒是指鸭食入过量的磺胺类药物导致机体出血、内脏器官出现一些器质性病变的一种中毒性疾病。

病因

磺胺类药物在临床上常用于治疗鸭球虫病、鸭肠炎、鸭巴氏杆菌病、鸭传染性浆膜炎、鸭大肠杆菌病等疾病，若使用剂量过大或连续用药时间过长或使用时拌药不均匀，以及与一些禁止配伍使用的药物搭配使用，均会造成磺胺类药物中毒。

临床症状

急性中毒时鸭表现兴奋不安，呼吸加快，肌肉颤抖，鸭喙苍白褪色，共济失调，食欲减少或废绝，拉黄白色稀粪，并出现不同程度的死亡现象。慢性中毒时主要表现精神沉郁，食欲减少，口渴增加，贫血，羽毛松乱且脱落较多。产蛋鸭还表现产蛋率不同程度的下降，蛋壳变薄或褪白、变粗。

病理变化

病死鸭皮肤脱水、发绀（图6-32），皮肤肌肉、内脏器官出现广泛性出血病变（图6-33），血液凝固不良，肝脏肿大、有少量出血（图6-34），肾脏肿大明显，有些在心包、肝脏、肾脏、输尿管有不同程度的白色尿酸盐沉积，骨髓呈黄色。

图6-32　皮肤脱水、发绀

图6-33　胸肌大面积出血

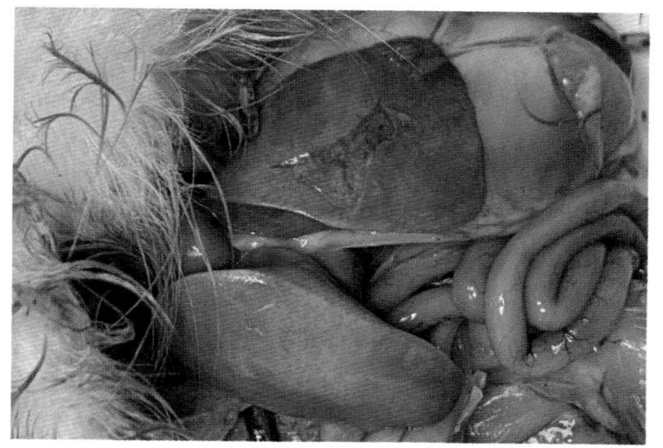

图6-34　肝脏肿大，有少量出血

诊断

从临床症状、病理变化及使用过磺胺类药物史可做出初步诊断。必要时要抽取血液或内脏器官进行磺胺类药物的检测诊断。

防治措施

①预防措施：在应用磺胺类药物时要严格按说明剂量使用，做好药物配伍禁忌，必要时配合碳酸氢钠一起使用，并保证饮水供给。

②治疗措施：一旦发生中毒现象，应立即停药。在饮水中添加1%~3%碳酸氢钠或1%葡萄糖或其他保肝护肾药物进行治疗。出血严重时，可在饲料中添加

维生素 C 或维生素 K。对个别外表出血明显的病例，直接肌注维生素 K 注射液有一定治疗效果。

（十）鸭乙酰甲喹中毒

鸭乙酰甲喹中毒是指鸭食入超量乙酰甲喹后出现一些中毒病症，又称痢菌净中毒。

病因

①乙酰甲喹对鸭比较敏感：多数养殖户对其性质不了解，在使用过程中常超量使用，有时拌料搅拌不匀，都易导致部分鸭中毒反应，尤其是 30 日龄以内的雏鸭更为明显。正常使用剂量为每千克体重 5~6 毫克。

②重复、过量用药：某些兽药厂违规在兽药中添加乙酰甲喹，致使养殖户或用户出现过量用药。

临床症状

病鸭中毒时表现体温下降，拒食，消瘦，呆滞，排黄白色或黄绿色稀粪，病鸭喙部发绀起疱、破溃甚至变形（图 6–35、图 6–36）。雏鸭可能出现呕吐和急性死亡现象。产蛋鸭表现为产蛋率下降 10%~30%，种蛋的受精率和孵化率下降。

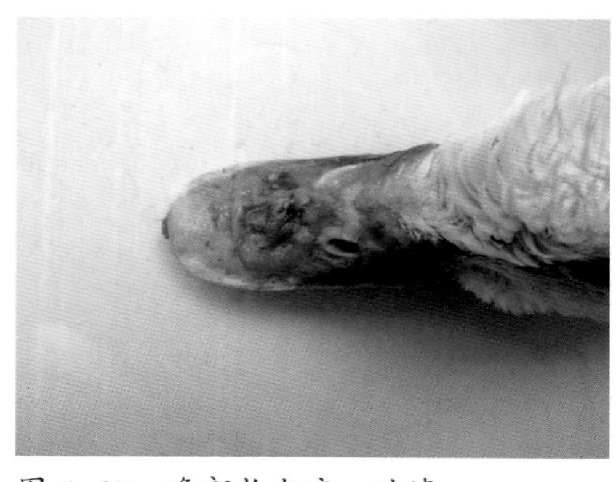

图 6–35　喙部长水疱、破溃

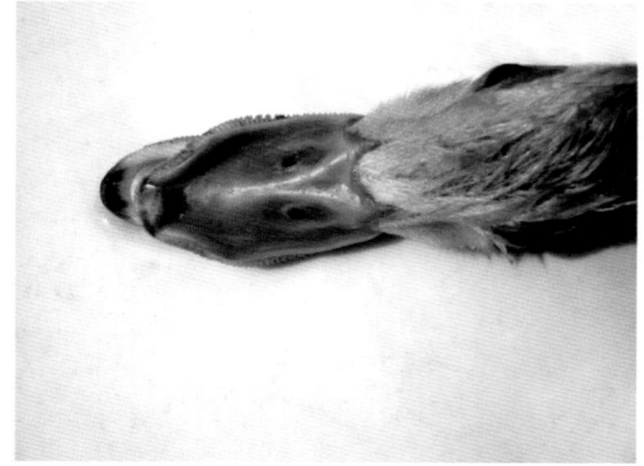

图 6–36　喙部变形

病理变化

病死鸭肌肉呈暗红色，脾脏肿胀、糜烂、出血，肠道黏膜弥漫性出血，泄殖腔黏膜严重出血。肝脏肿大，呈暗红色，质地较脆（图 6–37）。肾脏出血。心脏松弛，心内膜及心肌有散在出血点。

诊断

从有饲喂乙酰甲喹历史及主要症状、病理变化可做出初步诊断。必要时要提取饲料或病死鸭的肝脏进行乙酰甲喹含量测定。

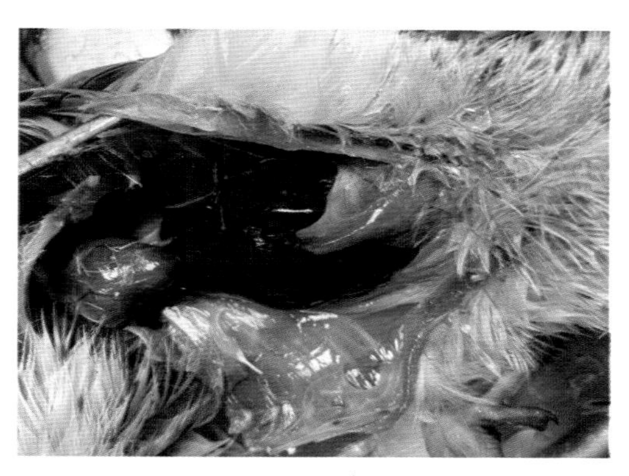

图 6−37　肝脏呈暗红色，质地变硬

防治措施

①预防措施：雏鸭和产蛋鸭不要饲喂乙酰甲喹，中大鸭在饲喂乙酰甲喹时要严格按照说明用量使用，不要超时、超量使用，也不要使用不规范厂家生产的兽药。

②治疗措施：发生中毒时，要立即停喂拌有乙酰甲喹的饲料，全群添加 2% 葡萄糖及多种维生素，一般经几天治疗可逐渐恢复正常。对上喙出现水疱和脱皮情况，可外敷抗生素（如硫酸庆大霉素、青霉素等）进行治疗，病后鸭喙可能会变型或上翘。

（十一）鸭有机磷农药中毒

鸭有机磷农药中毒是指鸭接触或误食某种有机磷杀虫剂后而发生的一种中毒性疾病，临床上以腹泻、流涎、肌群震颤为特征。

病因

有机磷农药是一种毒性较强的接触性神经毒素，常见的有美曲膦酯、双甲脒、辛硫磷及敌敌畏等。常见的中毒原因有如下几个方面。

①饲喂或误食喷洒过有机磷杀虫剂后不久，又未经雨水冲洗的牧草、蔬菜。

②误食了用敌百虫等拌过的稻谷或小麦种子。

③在使用有机磷农药（如双甲脒）进行驱除体内外寄生虫时，剂量过大或使用不当。

④饮用了被有机磷农药污染的水源或人为投毒。

临床症状

中毒常为最急性或急性。最急性中毒时，病鸭往往见不到任何症状就出现死亡。急性中毒病鸭表现口腔流出大量分泌物，软脚或脚向后伸直，频频排粪或腹泻症状（图 6–38），瞳孔缩小、流泪，有的表现抽搐或乱窜等神经症状，有的还会出现呕吐症状，最后两脚麻痹，全身痉挛抽搐而死亡，死亡时间在中毒后 5~6 个小时内。病程稍长的慢性病例，表现为精神沉郁，不愿行走，食欲减少，拉痢，共济失调，两翅下垂，呼吸困难，病程会持续 1~2 天。

图 6–38　软脚、腹泻

病理变化

最急性病例剖检无明显病变。急性病例剖检可见瞳孔明显缩小，皮下肌肉点状出血，血液凝固不良，肺脏水肿，肝脏肿大，胃肠黏膜充血出血，有时整个胃肠黏膜脱落，嗉囊和胃内容物有明显的农药味，喉头、气管内充满泡沫样液体，有时心脏和心冠脂肪有点状出血。

诊断

从临床症状、病理变化及病史可做出初步诊断。必要时可取病死鸭胃内容物进行有机磷农药检测诊断。

防治措施

①预防措施：要加强鸭群的饲养管理，尽量避免鸭群接触到有机磷农药污染的饲料、饮水和青菜。在使用美曲膦酯或双甲脒进行体内外驱虫时要严格控制剂量。建立健全有机磷杀虫剂购销、保管和使用制度。

②治疗措施：首先要了解病史，切断有机磷农药的中毒来源。对中毒较严重的病鸭要同时注射硫酸阿托品（按每千克体重注射 0.1~0.2 毫克）和碘解磷定（按每千克体重注射 0.2~0.5 毫克），每天 2~4 次。对中毒较轻的病鸭肌注硫酸阿托品（剂量同上）。对尚未出现症状的鸭可口服硫酸阿托品（按每千克体重口服 0.1 毫克）。此外，可在饮水中加入适量的葡萄糖、多种维生素进行一般性解毒处理。

（十二）鸭黄曲霉毒素中毒

鸭黄曲霉毒素中毒是指鸭采食了被黄曲霉毒素污染的饲料而引起的一种中毒性疾病，以全身出血、消化功能紊乱、腹腔积液、神经症状为主要特征。

病因

黄曲霉菌广泛存在于自然界中，在温暖潮湿的条件下，黄曲霉菌很容易在谷物、饼粕及其他饲料中生长繁殖，并产生黄曲霉毒素（主要有 B_1、B_2、G_1、G_2 等）。这些毒素均属于嗜肝脏毒，对动物肝脏有很强的细胞毒性、致突变性和致癌性。鸭子常常因采食含较多黄曲霉毒素的饲料或饲草而发生中毒。本病一年四季均可发生，但在多雨且湿热的春夏季节多发。

临床症状

不同日龄鸭对黄曲霉毒素的敏感性有所不同。幼鸭比较敏感，中毒后死亡率可达 90%，多为急性过程，表现为食欲丧失，精神沉郁，异常尖叫，步态不稳或跛行，喙及脚皮肤呈淡紫色。有些有啄毛表现，严重时出现共济失调、痉挛抽搐、角弓反张，最后痉挛而死亡。中大鸭多呈慢性过程，表现食欲减少，消瘦，贫血，少数衰竭死亡。有些大鸭症状不明显，主要表现精神沉郁，羽毛松乱，腹部膨大，两腿叉开，走路呈企鹅状行走。产蛋鸭还表现产蛋率下降，蛋品质量变差。

病理变化

雏鸭出现急性中毒时，病死鸭腿部和蹼有严重的皮下出血，肝脏肿大，质地变硬（图 6-39），肝脏色泽变黄，表面有出血或坏死。肾脏肿大苍白，有的出现小出血点。胰腺、腺胃黏膜出血。脾脏肿大，质地变脆。病程较长的慢性中毒，主要病变是肝脏变性坏死，有的出现纤维化变硬（图 6-40），胆囊扩张，心包积液和腹腔积液严重。饲养周期长的鸭可见肝脏表面有肿瘤结节（图 6-41），有时会诱发其他脏器的癌变。产蛋鸭还会导致卵巢上卵泡变性萎缩。

图 6-39　肝脏肿大，质地变硬

图 6-40　肝脏纤维化变硬

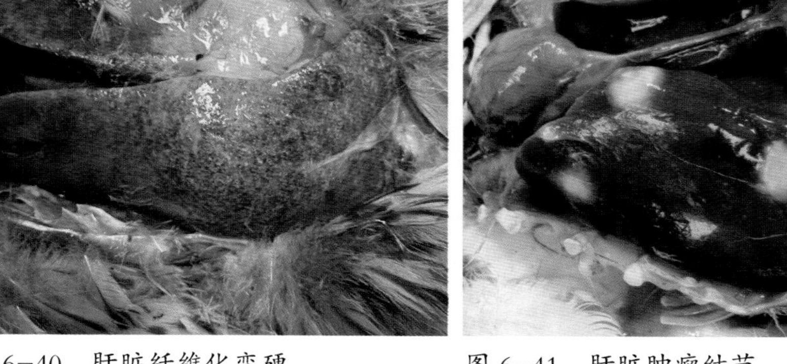

图 6-41　肝脏肿瘤结节

诊断

根据临床症状、病理变化可做出初步诊断，必要时通过检测饲料中的黄曲霉毒素进行确诊。

防治措施

①预防措施：平时要加强饲料品质管控，不能购进变质或黄曲霉毒素超标的饲料喂鸭。做好饲料的保管工作，防止饲料在保存过程中霉变。对有变质的饲料要及时采用霉菌吸附剂处理。

②治疗措施：本病无有效的治疗药物。一旦发现疑似病例，要及时停喂霉变饲料或采用霉菌吸附剂进行处理后才能饲喂。此外对鸭群供给 1%~2% 的葡萄糖和适量多种维生素，个别病鸭可灌服绿豆汤或葡萄糖溶液以缓解中毒症状。

（十三）鸭佝偻病

鸭佝偻病是由于钙、磷及维生素 D 缺乏或比例失调引起的一种鸭营养代谢病，在临床上表现骨骼发育不良、变形及影响鸭的生产性能。

病因

食物中钙、磷不足或钙磷比例失调是鸭佝偻病的主要原因。维生素 D 摄取不足或长期阳光照射不足也会影响钙的吸收。饲料中金属离子（铁、镁、锰、铝等）过剩，也会影响钙、磷吸收，导致该病发生。

临床症状

雏鸭和青年鸭最初表现为生长缓慢，喙部颜色变淡、变软，用手按压易扭曲。行走时步态僵硬，左右摇摆（图 6-42），常呈趴卧状态。中后期表现严重的骨骼变形，行走呈跛行。产蛋鸭表现为产蛋率下降，蛋壳变薄易碎，时而产出软壳蛋或无壳蛋，母鸭双脚无力或出现瘫痪症状，长骨弯曲。

病理变化

鸭易骨折，腿部长骨钙化不良，骨髓腔变大，跗关节变粗，骨质疏松，肋骨变软变形（图 6-43），呈结节状肿大或畸形弯曲。

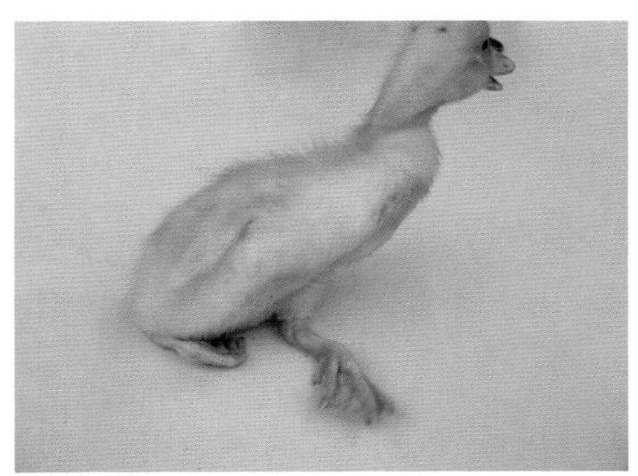

图 6-42　步态僵硬、左右摇摆

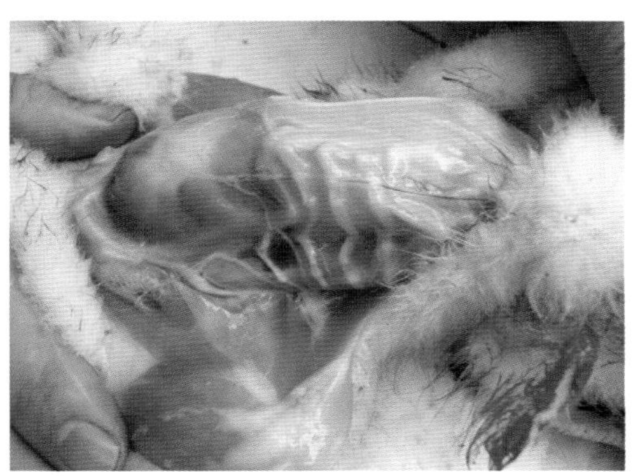

图 6-43　肋骨变软变形

诊断

根据临床症状、病理变化可做出初步诊断。在临床上要注意与新型小鹅瘟、番鸭呼肠孤病毒病进行鉴别诊断。必要时取饲料进行钙、磷含量测定。

防治措施

①预防措施：平时要注意圈养鸭的饲料营养配方，特别关注饲料中钙、磷及维生素 D 的含量，要根据不同阶段生理需求提供足够量的营养成分。同时也要注意舍内的光照强度，不能在阴暗环境中饲养。

②治疗措施：鸭群发病时，要及时检测分析日粮配方。对发病群可额外添加一些钙粉或鱼肝油粉。对个别病鸭要及时隔离治疗，防止挤压造成伤亡。治疗时可肌注维丁胶性钙或戊酮酸钙等药物。

（十四）鸭维生素 A 缺乏症

鸭维生素 A 缺乏症是指由于维生素 A 原（胡萝卜素）缺乏或不足引起鸭的一种营养代谢病，临床上以生长缓慢、上皮角化、夜盲症、繁殖功能障碍为特征。

病因

①饲料中缺乏维生素 A 或胡萝卜素。饲料原料在加工和储存过程中，遇到高温或存放过久或被太阳光照射后，原料中胡萝卜素受到破坏。

②某些疾病（如慢性胃肠道疾病、肝脏疾病）影响维生素 A 的吸收和储存。此外，矿物质、维生素、微量元素缺乏也会影响鸭体内维生素 A 的转化和储存。

临床症状

各种日龄鸭均可发生，但多发于肉鸭快速生长期和麻鸭、种鸭的产蛋期。病鸭表现精神委顿，生长缓慢，发育不良，增重低下，步态蹒跚甚至瘫痪。此外，病鸭出现流泪、眼内聚集黄白色干酪样物质（图 6-44、图 6-45），视力减低，有时可见眼眶四周羽毛粘连（图 6-46），导致鸭眼睛失明。产蛋鸭和种鸭还出现产蛋率下降、受精率和孵化率下降、弱雏增加。

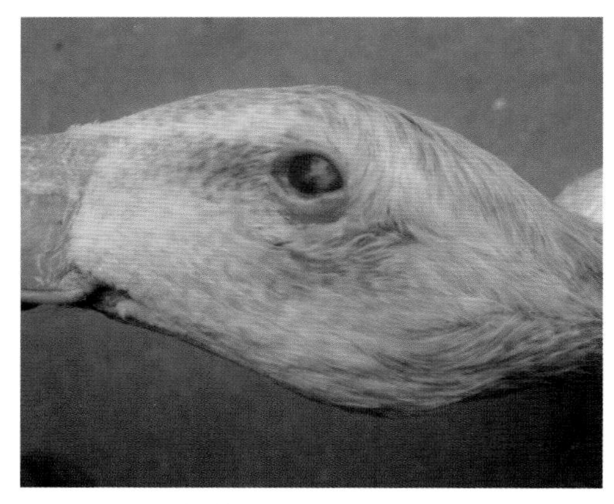

图 6-44　病鸭流泪

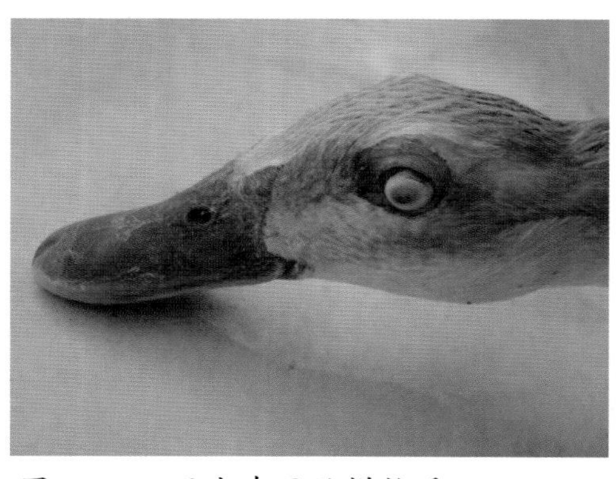

图 6-45　眼内有干酪样物质

图 6-46　眼眶四周羽毛粘连造成失明

病理变化

病死鸭的口腔、食道、嗉囊黏膜会出现白色坏死灶或一层黄白色伪膜附着（图 6-47）。上呼吸道黏膜肿胀，鼻腔和眼内有干酪样物质阻塞，眼结膜角化上皮细胞增多，肾小管和输尿管有白色尿酸盐沉积，有时在心包、肝脏也有类似病变。

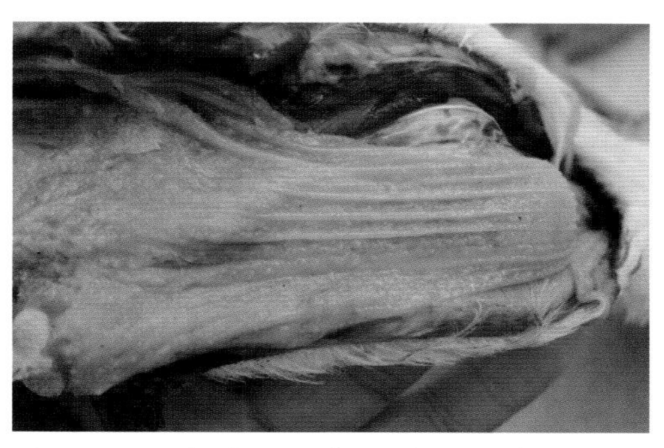

图 6-47　食道黏膜表面出现白色坏死灶

诊断

根据临床症状、病理变化可做出初步诊断。在临床上要注意与鸭瘟鉴别诊断。必要时可采用维生素 A 进行治疗性诊断，也可以对饲料或原料中维生素 A 含量进行测定而诊断。

防治措施

①预防措施：全价饲料要保证足够的维生素 A 或胡萝卜素含量。饲料在加工与保存过程中要防止维生素 A 或胡萝卜素被各种因素破坏。平时要及时治疗消化道疾病和肝脏疾病，以保证维生素 A 的正常吸收、利用、储存。

②治疗措施：发病后要及时对鸭群补充维生素 A 或胡萝卜素。具体来说，在每千克饲料中补充 5000 个单位维生素 A 或相应剂量的鱼肝油（按说明书使用）。对个别病鸭可肌内注射维生素 A 注射液 100~500 个单位或鱼肝油 0.5~1 毫升。对个别有眼部病变鸭，可使用 3% 硼酸溶液局部冲洗后再涂以眼药水进行局部治疗，疗程需 5~10 天。

（十五）鸭维生素 B_1 缺乏症

鸭维生素 B1 缺乏症是指由于硫胺素缺乏或不足引起鸭的一种以神经功能障碍为主要特征的营养代谢病。

病因

①原发性缺乏：长期饲喂缺乏维生素 B_1 的饲料（如精磨稻米），而又缺乏青绿饲料，饲料种类单一。

②继发性或条件性缺乏：体内存在妨碍或破坏硫胺素合成，并阻碍其吸收利

用因素。如经常使用某些抗球虫药（如磺胺类、氨丙啉），长期使用抗菌药物（如磺胺类药物）使肠道菌群失调都会导致硫胺素合成和吸收减少。

临床症状

病鸭表现精神沉郁，食欲下降，生长发育不良，步态不稳，头向后仰，常以跗关节着地（图 6-48），时而身体失去平衡倒地，时而向一侧偏或打转，时而抬头后仰呈“观星状”（图 6-49）。本病常呈阵发性，有时鸭在水中因此病发作而被淹死，有时一天可发作多次，病情一次比一次严重，最后全身抽搐，瘫痪倒地而死。种鸭和产蛋鸭病程较长，主要表现消瘦，产蛋率和孵化率下降，且刚孵出的雏鸭也会出现脑神经症状。

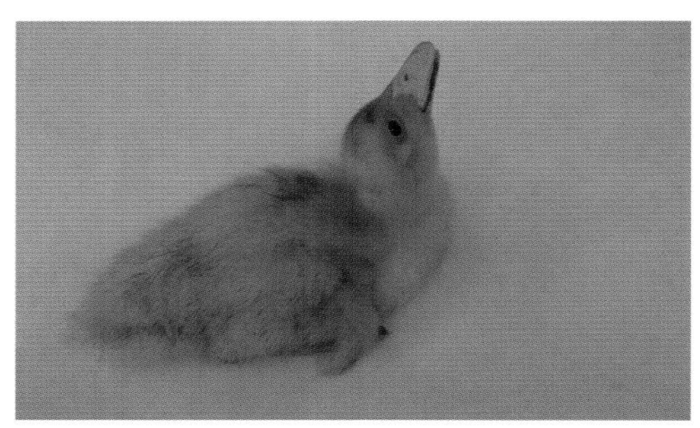
图 6-48　头上仰，以跗关节着地

图 6-49　头后仰呈“观星状”

病理变化

本病无特征性病理变化，有时可见病死鸭皮下水肿，胃肠道黏膜轻度炎症，十二指肠溃疡，心肌萎缩，右侧心脏扩张松弛，有时可见多发性神经炎及肾上腺肥大等。

诊断

根据本病的病史、临床症状可做出初步诊断。在临床上还要与高致病性禽流感、鸭传染性浆膜炎、鸭地美硝唑中毒进行鉴别诊断。必要时可通过口服或肌内注射维生素 B_1 注射液进行治疗性诊断。

防治措施

①预防措施：要保证日粮或饲料中维生素 B_1 含量达标。在日常管理中，要妥善保存饲料，防止霉变、受热。当雏鸭采食大量鱼虾类时，应及时补充麸皮、谷物饲料或维生素 B_1。在临床用药过程中要规范用药，在使用磺胺类或氨丙啉

等抗球虫药物时注意用量及使用期限。

②治疗措施：鸭群发病后，要及时调整饲料配方，增加富含维生素 B_1 的饲料或每 50 千克饲料添加维生素 $B_1$1~2 克，连用 7~10 天。对个别病鸭可肌内注射维生素 B_1 注射液（按每千克体重 1~2 毫克）或按每千克体重口服 2~5 毫克维生素 B_1 片进行治疗有一定效果。

（十六）鸭维生素 B_2 缺乏症

鸭维生素 B_2 缺乏症是指由于体内核黄素缺乏或不足引起的一种以生长缓慢、皮炎、肢麻痹为主要特征的鸭营养代谢病，又称为核黄素缺乏症。

病因

本病常为群发性。由于鸭体内很少贮存维生素 B_2，必须从饲料中获得。若鸭群长期饲喂维生素 B_2 缺乏的日粮或过度煮熟或用碱处理的饲料容易出现维生素 B_2 缺乏症。鸭患有胃肠、肝脏、胰脏疾病时会影响维生素 B_2 的吸收利用。长期或大量使用抗生素也会造成维生素 B_2 内源性生物合成受阻。种鸭缺乏维生素 B_2 时，所生的种蛋及孵化出的雏鸭易发生维生素 B_2 缺乏症。

临床症状

本病多见于 1~2 周龄以内的雏鸭。雏鸭表现生长发育缓慢，消瘦，羽毛无光泽，食欲减少。鸭群出现不同程度的软脚症状，严重的病鸭可见鸭蹼和趾关节向内弯曲（图 6-50），常以跗关节着地，行动困难，病鸭最后因衰竭而死亡。发病率 5%~30%，死亡率 5%~10%。成年鸭则无明显症状。种鸭还会出现产蛋率下降，受精率下降及孵化率下降。

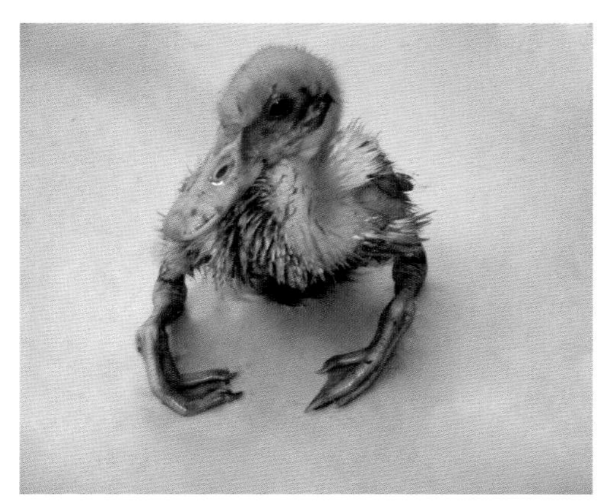

图 6-50　脚爪向内弯曲

病理变化

病死鸭消瘦，营养不良，皮肤干燥，皮下脱水，患肢腿部肌肉萎缩，趾关节变形。剖检可见坐骨神经显著变粗，肠道变薄，内脏器官无明显病变。

诊断

根据临床症状、病理变化可做出初步诊断。在临床上要注意与鸭佝偻病、鸭短喙矮小综合征进行区别诊断。必要时对饲料中维生素 B_2 的含量进行测定诊断。

防治措施

①预防措施：种鸭产蛋期间要提供充足的维生素 B_2，平时可适当增加一些富含维生素 B_2 的饲料原料（如酵母、青绿饲料、鱼粉等），防止种鸭因营养缺乏而影响到雏鸭。在雏鸭育雏期间要提供营养齐全的全价饲料，防止早期发生维生素 B_2 缺乏症。

②治疗措施：鸭群发病后，要及时调整饲料配方，每千克饲料添加维生素 B_2 10~20 毫克，连用 7~10 天。对个别病鸭可口服维生素 B_2 片（按每羽 2~3 毫克），连喂 3~5 天。

（十七）鸭维生素 B_3 缺乏症

鸭维生素 B_3 缺乏症是指饲料中缺乏维生素 B_3（烟酸）导致鸭皮肤、黏膜出现炎症的一种营养代谢病，又称烟酸缺乏症。

病因

①饲料中长期缺乏色氨酸，或蛋白质供应不够，使家禽体内烟酸合成减少。

②饲料中维生素 B_3 含量不足，特别是单纯以玉米为日粮时，容易导致本病发生。因为玉米等谷物中色氨酸含量很低。

③饲料中存在某些烟酸拮抗因子（如 3- 吡啶磺酸、磺胺吡啶、吲哚 -3- 乙酸、三乙酸吡啶、亮氨酸等），易导致鸭出现维生素 B_3 缺乏症。

临床症状

病鸭表现消化不良，生长缓慢，腹泻，舌头呈暗黑色，骨短粗，关节肿大，足和蹼皮肤呈鳞状增生，但死亡率很低。种鸭还会出现产蛋率和孵化率下降。

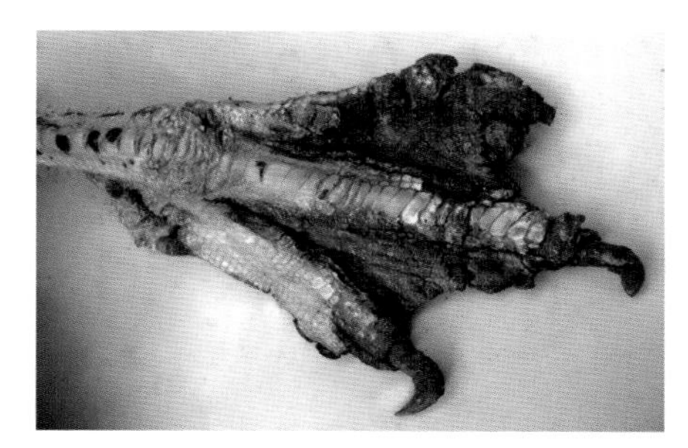
图 6-51　鸭脚皮肤粗糙龟裂

病理变化

病鸭腿爪部皮肤龟裂或渗出性皮炎（图 6-51），口腔、舌头、咽、食道黏膜炎症渗出，

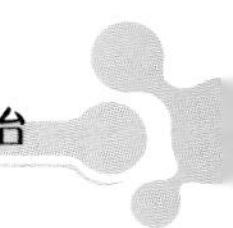

小肠和盲肠黏膜坏死、溃疡及出血，肝脏变黄，肝细胞内充满大量脂滴。

诊断

根据临床症状、病理变化、结合饲料中维生素 B_3 含量测定及药物的治疗性试验进行诊断。

防治措施

①预防措施：在日粮配制时要按配方加入相应量的维生素 B_3 或增加富含维生素 B_3 的原料，避免在饲料中添加过量的拮抗物质（如亮氨酸）。

②治疗措施：首先要调整日粮配方，增加富含维生素 B_3 的饲料原料（如鱼粉、麸皮、豆类、米糠、饲用酵母等），同时适当增加色氨酸含量。在发病时，可在饲料中按每千克饲料添加10~20毫克维生素 B_3 进行治疗，疗程10~20天。

（十八）鸭维生素E缺乏症

鸭维生素E缺乏症是指饲料中缺乏维生素E引起的一种以肌肉营养不良、坏死为特征的鸭营养代谢病。

病因

①维生素E为脂溶性维生素，极易被氧化变质。由于饲料加工调制不当，或饲料长期储存酸败，或饲料中不饱和脂肪酸过多等原因导致饲料中维生素E遭到破坏。若采用上述变质饲料喂鸭，极易导致鸭维生素E缺乏症的发生。

②亚硒酸钠与维生素E有协同作用。若饲料中硒含量不足，也会影响维生素E的吸收利用。

临床症状

病鸭表现食欲下降，精神不振，拉稀粪，消瘦，个别有共济失调症状或猝死（图6-52）。产蛋麻鸭表现产蛋率下降。种公鸭的生殖器官发生退行性变化，睾丸萎缩，精子数减少或无精。

图6-52　共济失调

病理变化

大鸭剖检可见肌肉营养不良，骨

骼肌色泽苍白和贫血（图 6-53），胸肌和腿肌出现条纹状或连片的灰白色坏死。心肌变性呈条状坏死，有时肌胃也出现坏死。日龄较小的雏鸭出现渗出性物质，剖检可见腹腔皮下胶冻样渗出，有些雏鸭脑发生水肿或软化，并有小出血点。

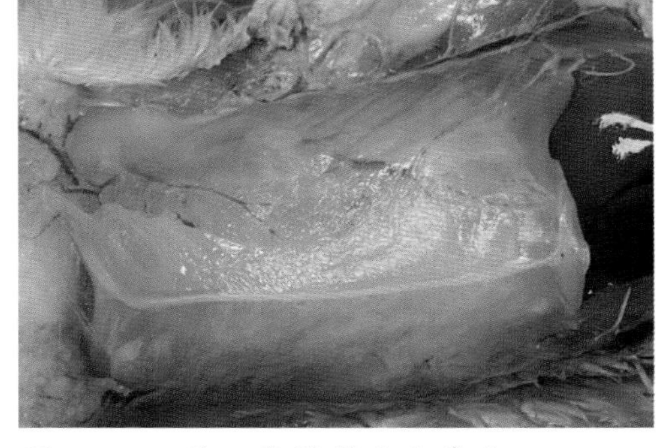
图 6-53　胸肌色泽苍白和贫血

诊断

根据临床症状、病理变化可做出初步诊断。必要时通过测定饲料中的维生素 E 含量进行诊断。

防治措施

①预防措施：鸭日粮中应添加足够量的维生素 E 和亚硒酸钠（按每千克饲料加维生素 E 25 国际单位及硒 0.2 毫克），禁止饲喂霉变和酸败饲料。在管理上，要尽量减少各种不良应激。

②治疗措施：对于发病鸭群，可按每千克饲料添加维生素 E 25 国际单位及硒 0.2 毫克进行治疗，一个疗程 10~15 天。同时应特别注意饲料中各种氨基酸的平衡。

（十九）鸭肿瘤性疾病

鸭肿瘤性疾病是指由于多种原因导致鸭体内生长肿瘤的一类疾病。

病因

从目前的资料看，引起鸭肿瘤发生的原因主要有以下 3 种。

①长期采食含黄曲霉毒素或其他霉菌毒素的饲料，易诱发肝脏肿瘤或其他肿瘤。

②感染网状内皮组织增生症病毒，使患鸭内脏器官出现肿瘤病变。

③环境中某些化学物质、放射性物质及长期使用一些药物均有可能导致鸭肿瘤性疾病的发生。

临床症状

患鸭表现消瘦，精神沉郁，食欲下降，虚弱至衰竭死亡。不同器官的肿瘤，其表现症状有所差异。腹腔内器官肿瘤会导致腹部下垂，腹水增多；产蛋鸭卵巢肿瘤会导致产蛋率下降或停止；皮肤肿瘤可见身体有肿块突出皮肤（图6-54）。

图 6-54　头部有肿块突出皮肤

病理变化

剖检可见机体消瘦，皮下肌肉苍白，内脏器官出现不同程度萎缩。由于肿瘤所在部位不同，病变有所不同。有的肿瘤呈肿块型（如肺脏肿瘤）（图 6-55）；有的肿瘤呈弥散型，呈现大小不一小结节（如肝脏肿瘤）（图 6-56）；有的肿瘤呈菜花状（如卵巢肿瘤）（图 6-57）；有的肿瘤膨大，导致内脏破裂或血管破裂引起内出血，并有血凝块。

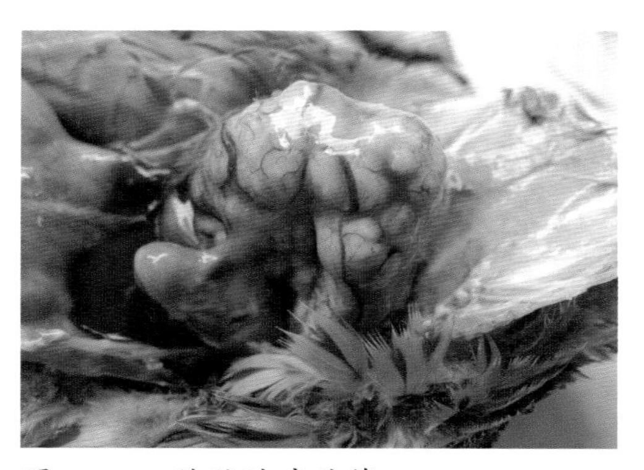
图 6-55　肺脏肿瘤结节

诊断

根据临床症状、病理变化可做出初步诊断。必要时对肿瘤组织进行切片检查，明确肿瘤类型。

图 6-56　肝脏出现少量肿瘤结节

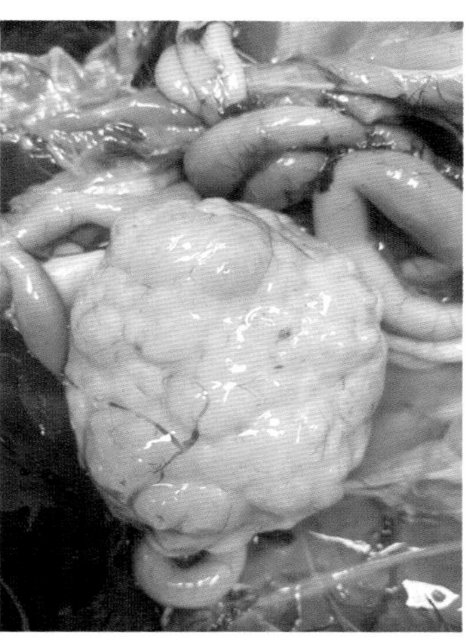
图 6-57　卵巢肿瘤

防治措施

①预防措施：由于肿瘤性疾病病因复杂，所以比较难采取针对性的预防措施。在生产实践中，要避免鸭群采食发霉变质的饲料，确保鸭舍通风干燥，防止垫料及料槽发生霉变，也要防止鸭群与化工原料污染的环境长期接触，避免长时间添加使用药物。

②治疗措施：对肿瘤性病例无治疗药物，只能淘汰销毁并采取无害化处理。

（二十）鸭光过敏症

鸭光过敏症是由于鸭食入含有光过敏物质的饲料、野草及某些药物，经阳光照射一段时间后而发生皮肤过敏的一种疾病。

病因

①内源性病因：放牧鸭在野外采食到一些野草（如大软骨草籽或阿米芹），或采食到含过敏物质的饲料或采食到某些会导致皮肤过敏的药物（如乙酰甲喹）。

②外源性病因：在夏秋炎热天气里，阳光强度大，放牧鸭在强太阳光下晒5个小时以上就可能发病。

临床症状

病鸭在无毛的皮肤（上喙和脚蹼）出现典型症状。上喙背侧出现水疱，水疱破溃后结痂并留下瘢痕，随着瘢痕的收缩，上喙逐渐变形和卷缩（图6-58、图6-59），影响病鸭正常采食，有些会波及眼睛，脚蹼出现巨大水疱（图6-60）破溃导致局部突出皮肤，影响行走，有时水疱破溃导致局部溃烂。发病率10%~50%不等，但很少出现死亡。病程持续7~10天。

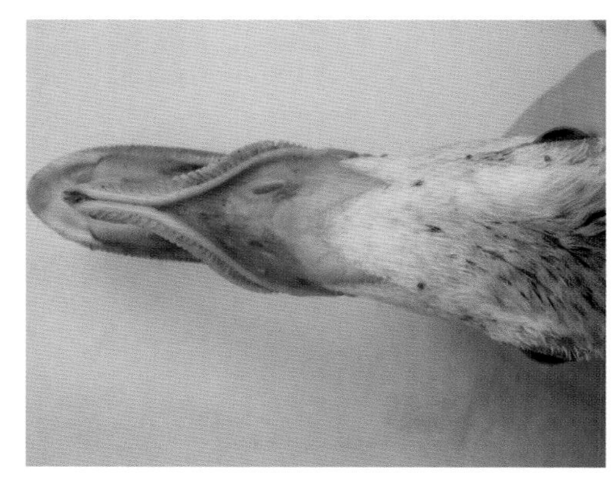

图6-58　上喙变形

病理变化

上喙皮肤出现炎症渗出、溃烂及结痂，最后上喙表皮增厚及上喙软骨变形。

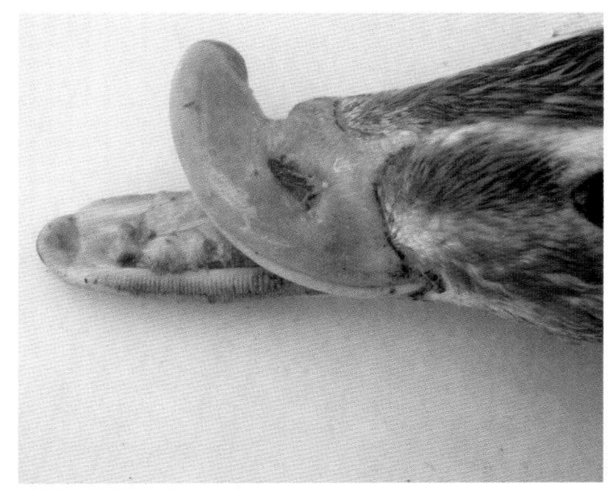

图 6-59　上喙卷缩

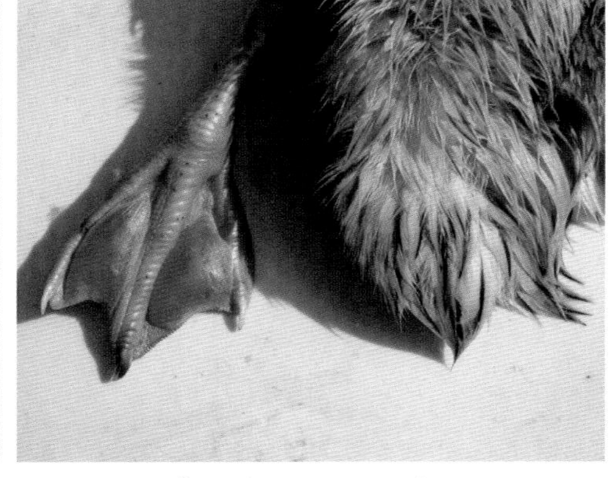

图 6-60　脚蹼出现巨大水疱

脚蹼皮肤发绀（图 6-61），破溃后出现炎症渗出、溃烂及变形，最后致使脚蹼上翻。

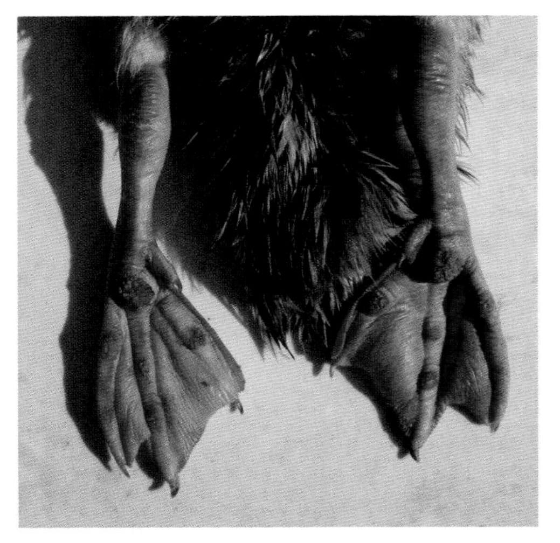

图 6-61　脚蹼皮肤发绀

诊断

从临床症状、病理变化可做出诊断。必要时要分析和检查饲料中是否含有光过敏物质或添加有关药物。

防治措施

①预防措施：要加强饲养管理，不在饲料中添加会致光过敏物质或要规范使用兽药。在野外放牧时，要避免剧烈的阳光照射。

②治疗措施：鸭群出现相应症状时要立即停喂含光物质的饲草或药物，在一段时间内尽量少接触剧烈阳光。对出现病症的病鸭采用对症治疗，喙部和蹼部病变皮肤用甲紫或碘甘油或硫酸庆大霉素外涂，每天 1~2 次，连用 5 天；眼睛出现眼结膜炎的，采用眼药水滴眼治疗。同时饲料中可添加多种维生素和阿莫西林进行一般性治疗，促进病鸭早日康复。

参考文献

[1] 江斌，陈少莺 . 鸡病鸭病速诊快治 [M]. 福州：福建科学技术出版社，2018.

[2] 傅光华，江斌，程龙飞 . 音视频解说常见鸭鹅病诊断与防治技术 [M]. 北京：化学工业出版社，2020.

[3] 杜元钊，朱万光 . 禽病诊断与防治图谱 [M]. 济南：济南出版社，1998.

[4] 中国农业科学院哈尔滨兽医研究所 . 动物传染病学 [M]. 北京：中国农业出版社，1999.

[5] 曾振灵 . 兽药手册 [M]. 北京：化学工业出版社，2012.

[6] 黄一帆 . 畜禽营养代谢病与中毒病 [M]. 福州：福建科学技术出版社，2000.

[7] 崔恒敏 . 动物营养代谢疾病诊断病理学 [M]. 北京：中国农业出版社，2010.

[8] 黄兵，沈杰 . 中国畜禽寄生虫形态分类图谱 [M]. 北京：中国农业出版社，2006.

[9] 杨光友，张志和 . 野生动物寄生虫病学 [M]. 北京：科学出版社，2013.

[10] 李祥瑞 . 动物寄生虫病 [M]. 北京：中国农业出版社，2011.

[11] 孔繁瑶 . 家畜寄生虫学 [M]. 北京：中国农业大学出版社，2010.

[12] 王建华 . 兽医内科学 [M]. 北京：中国农业出版社，2010.

[13] 陆承平 . 兽医微生物学 [M]. 北京：中国农业出版社，2007.

[14] 吴清民 . 兽医传染病学 [M]. 北京：中国农业大学出版社，2002.

[15] 顾小根，陆新浩，张存 . 常见鸭病临床诊治指南 [M]. 杭州：浙江科学技术出版社，2012.

［16］江斌，林琳，吴胜会．鸡鸭疾病速诊快治［M］．福州：福建科学技术出版社，2013.
［17］江斌，吴胜会，林琳．畜禽寄生虫病诊治图谱［M］．福州：福建科学技术出版社，2012.
［18］苏敬良，黄瑜，胡薛英．鸭病学［M］．北京：中国农业大学出版社，2016.